高等学校教材·无人机应用技术

# 无人机航拍技术

(第2版)

主　编　谭亚先　王宝昌　邱晓彪
副主编　康永斌　张梦楠
编　者　谭亚先　王宝昌　邱晓彪
　　　　康永斌　张梦楠

西北工业大学出版社
西　安

【内容简介】 本书内容包括无人机航拍设备、无人机航拍相机、无人机航拍光线与色彩、无人机航拍摄影构图、无人机航拍遥控器和DJI Fly的使用、无人机拍摄准备、无人机航拍飞行技巧、无人机航拍移动端剪映的后期处理和无人机飞行安全。本书具有基础性和通用性的特点，内容深入浅出，通俗易懂，读者通过阅读本书可以学习无人机航拍原理和基本技术。

本书可作为中、高等职业院校相关专业教材，也可作为无人机培训教材和无人机爱好者的参考书。

## 图书在版编目（CIP）数据

无人机航拍技术 / 谭亚先，王宝昌，邱晓彪主编.
2版. -- 西安：西北工业大学出版社，2024.7.
ISBN 978-7-5612-9353-9

Ⅰ．TB869

中国国家版本馆CIP数据核字第202457DS68号

WURENJI HANGPAI JISHU

**无 人 机 航 拍 技 术**

谭亚先　王宝昌　邱晓彪　主编

| | |
|---|---|
| 文字编辑：李阿盟　刘　敏 | 策划编辑：杨　军 |
| 责任校对：隋秀娟 | 装帧设计：高永斌　董晓伟 |

出版发行：西北工业大学出版社
通信地址：西安市友谊西路127号　　邮　编：710072
电　　话：(029)88491757，88493844
网　　址：www.nwpup.com
印 刷 者：西安五星印刷有限公司
开　　本：787 mm×1 092 mm　　1/16
印　　张：14.25
字　　数：287千字
版　　次：2017年1月第1版　2024年7月第2版　2024年7月第1次印刷
书　　号：ISBN 978-7-5612-9353-9
定　　价：76.00元

如有印装问题请与出版社联系调换

# 第 2 版前言
PREFACE

党的二十大报告提出:"完善科技创新体系。坚持创新在我国现代化建设全局中的核心地位……健全新型举国体制,强化国家战略科技力量……提升国家创新体系整体效能……形成具有全球竞争力的开放创新生态。"科学技术是第一生产力,随着社会不断发展和科学技术不断进步,无人机应运而生,在军事、测量、工程、媒体等领域得到广泛应用和快速发展。

无人机航空摄影摄像作为现代化的摄影摄像手段,能够以人们一般难以达到的高度俯视事物的全貌,以解放的视角,给受众带来焕然一新的视觉感受。近年来,各种方式的航拍在电影、电视纪录片的制作中得到了广泛应用。无人机的选择对航拍的最终效果起着决定性的作用。多旋翼无人机凭借优越的适应性和广泛性,成为当前我国航空摄影摄像的主要选择机型。随着航空技术的发展,航拍配套设施也在不断更新,更多优秀摄像师加入到航拍的队伍中,对多旋翼无人机航拍的关注和研究从各个方面不断完善。

本书从实用的角度出发,介绍了多旋翼航拍无人机的组成原理、航拍相机的设置、航拍摄影摄像构图及航拍的常用手法和技巧,在附录中编入了我国无人机相关的法律法规。本书可作为中、高等职业院校相关专业教材,也可作为无人机培训教材和无人机爱好者的参考书。

无人机航拍技术
AERIAL PHOTOGRAPHY TECHNOLOGY WITH UAV

本次修订在第 1 版的基础上做了结构上的调整和内容上的增删，并改正了第 1 版的谬误。感谢读者对本书提出的宝贵意见。

在编写本书的过程中，笔者参考了包含大疆无人机官网在内的很多互联网上的文章，使用了剪映软件内置的视频、贴纸等素材，在此向原作者表示衷心感谢！

本书涉及 DJI Fly 和剪映的使用，因软件版本更新较为频繁，可能会出现部分功能或者按钮位置发生改变等情况，以最新的软件版本为准。

限于笔者理论水平和实践经验，书中不妥之处在所难免，敬请读者指正。

编　者

2024 年 2 月

# 第 1 版前言
PREFACE

航空摄影摄像作为现代化的摄影摄像手段，能够以人们一般难以达到的高度俯视事物的全貌，以解放的视角，给受众带来焕然一新的视觉感受。近年来，各种方式的航拍在电影、电视片的制作中得到了广泛应用。由于航拍的特殊方式和要求，飞行器的选择对航拍的最终效果起着决定性的作用，这也是航空拍摄与其他摄影摄像方式最大的区别。多旋翼无人机凭借优越的适应性和广泛性，成为当前我国航空摄影摄像的主要拍摄机型。随着航空技术的发展，航拍配套设施也在不断更新，更多优秀摄影师加入到航拍的队伍中，使得无人机航拍从各个方面不断完善。特别在个人影像时代，常规拍摄器材和拍摄手段日益普及，其视觉呈现已经不能完全满足观众的审美需求。

本书从实用的角度出发，介绍航拍无人机的组成原理和操控技术、无人机航拍的常用手法和技巧以及航拍图像的后期处理技术，并介绍摄影摄像的基本知识，在附录中编入我国无人机相关的法律法规。本书可作为中、高等职业院校相关专业教材，也可作为无人机培训教材和无人机爱好者的参考书。

在编写本书的过程中参考了很多互联网上的文章，在此向原作者表示衷心感谢！

限于理论水平和实践经验，书中不妥之处在所难免，敬请读者指正。

编 者
2016 年 10 月

# 目录

## 第1章　无人机航拍设备

1.1　多旋翼无人机系统的组成 ...... 2

1.2　无人机任务设备 ...... 20

思考与练习题1 ...... 22

## 第2章　无人机航拍相机

2.1　航拍相机的种类和镜头 ...... 24

2.2　航拍相机的设置 ...... 30

思考与练习题2 ...... 38

## 第3章　无人机航拍光线与色彩

3.1　光的基本知识 ...... 40

3.2　自然光照明 ...... 44

思考与练习题3 ...... 45

## 第4章　无人机航拍摄影构图

4.1　摄影构图的概念 ...... 48

无人机航拍技术
AERIAL PHOTOGRAPHY TECHNOLOGY WITH UAV

4.2　画面的构图要素 ......48
4.3　航拍构图 ......55
思考与练习题 4 ......62

## 第 5 章　无人机航拍遥控器和 DJI Fly 的使用

5.1　遥控器的使用 ......64
5.2　初识 DJI Fly ......66
5.3　DJI Fly 参数设置 ......69
5.4　DJI Fly 姿态球 ......89
思考与练习题 5 ......90

## 第 6 章　无人机拍摄准备

6.1　外出拍摄前的准备 ......92
6.2　无人机飞行前的准备 ......94
6.3　起飞和降落无人机 ......97
思考与练习题 6 ......100

## 第 7 章　无人机航拍飞行技巧

7.1　一键短片功能，轻松拍大片 ......102
7.2　智能跟随模式 ......105
7.3　学会基础航拍动作 ......110
7.4　让航拍画面更高级 ......118
思考与练习题 7 ......123

## 第 8 章　无人机航拍移动端剪映的后期处理

8.1　选择合适的移动端视频剪辑软件 ......126
8.2　移动端剪映视频剪辑的设置和管理 ......129
8.3　用剪映进行素材处理 ......134
8.4　用剪映进行画面调整 ......141

8.5　用剪映进行转场设置 ......................................................152
　　8.6　用剪映进行蒙版操作 ......................................................155
　　8.7　用剪映进行文字添加 ......................................................159
　　8.8　用剪映进行音频处理 ......................................................166
　　8.9　用剪映进行特效制作 ......................................................175
　　思考与练习题 8 ..................................................................179

## 第 9 章　无人机飞行安全

　　9.1　飞行安全 ......................................................................182
　　9.2　无人机监管 ..................................................................194
　　9.3　反无人机方法 ...............................................................200
　　思考与练习题 9 ..................................................................202

## 附录　无人驾驶航空器飞行管理暂行条例

## 参考文献

# 第 1 章
# 无人机航拍设备
CHAPTER ONE

### 内容提示 ▶

无人机是无人驾驶飞行器(unmanned aerial vehicle,UAV)的简称,是利用无线电遥控设备和自备的程序控制装置操纵的飞行器。它通过自动化的飞行控制系统,根据预设的任务目标和航路规划,实现自主飞行、拍摄、侦查、运输等功能。无人机通常由机身、发动机、传感器、通信设备和控制系统等组成。

无人机根据用途和设计特点,又可以分为多种类型,如固定翼无人机、旋翼无人机、无人飞艇、伞翼无人机、扑翼无人机等。多旋翼无人机是目前市场的主流航拍机型,本章以多旋翼无人机为例,详细介绍其系统组成和任务设备。

### 教学要求 ▶

(1)了解常见多旋翼无人机的类型;
(2)掌握多旋翼无人机系统的组成;
(3)了解无人机任务设备。

### 内容框架 ▶

无人机航拍设备 ── 多旋翼无人机系统的组成
　　　　　　　　└─ 无人机任务设备

## 1.1 多旋翼无人机系统的组成

### 1.1.1 常见多旋翼无人机的类型

常见多旋翼无人机按轴数分为四轴无人机、六轴无人机、八轴无人机等,按电机和旋翼个数分为四旋翼无人机、六旋翼无人机、八旋翼无人机等,按旋翼布局分为I型无人机、X型无人机、V型无人机、Y型无人机等,如图1.1所示。

无人机的轴和旋翼一般情况下是相同的,有时候也是不同的,比如六轴十二旋翼是将六轴的每个轴上下各安装一个电机构成十二旋翼,如图1.2所示。

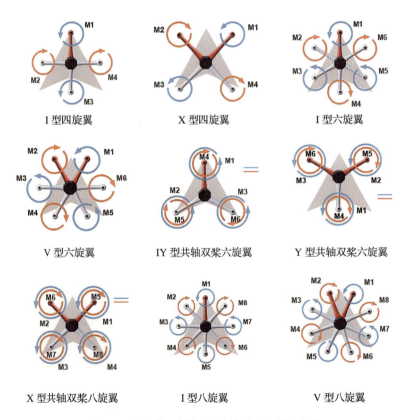

图1.1 多旋翼无人机的部分类型和布局示意图

按任务分,无人机可分为航拍无人机、植保无人机、电力巡线无人机、快递无人机和救援无人机等。

按级别分,无人机可分为专业级无人机和消费级无人机。

图 1.2 六轴十二旋翼无人机

以下就以国产大疆系列无人机为例来进行介绍。

### 1.1.2 多旋翼无人机系统的组成

多旋翼无人机的基本组成有机身和起落架、飞控(飞行控制器)系统、动力系统(电机、电调、旋翼)、电池系统、遥控装置(遥控发射器和接收器)、主动避障系统等。其原理为遥控器发射遥控信号,遥控接收器收到信号传输给飞控,飞控将遥控信号转化传输给电调,电调通过调节不同电机的供电电压以控制旋翼的旋转速度,从而完成前后、左右、高低、上下的飞行动作,而电池负责供电,机架将所有的零部件固定在一起。

#### 1.1.2.1 机身和起落架

机身由中心板、机臂(包含电机、电调和螺旋桨)、起落架等组成,如图 1.3 和图 1.4 所示。

专业多旋翼航拍无人机的机身和起落架多用强度高而质量轻的碳纤维复合材料制作。和传统金属材料相比,复合材料具有比

图 1.3 大疆"筋斗云"DJI S1000+ 无人机机身和起落架

图 1.4 大疆"悟"DJI Inspire 2 机身和起落架

强度和比刚度高、热膨胀系数小、抗疲劳能力和抗震能力强的特点,将它应用于无人机结构中比用其他材料减重25%～30%。为了携带方便,多旋翼无人机常做成机臂可折叠结构,如图1.5所示,而且智能起落架能够在无人机起飞后离开地面一定高度时自动升起或折叠,使相机随云台转动时视线不被遮挡,如图1.6和图1.7所示。

图 1.5 折叠和展开后的大疆"御"DJI Mavic 2 pro

图 1.6 DJI S1000+ 飞行中起落架收起　　　　图 1.7 DJI Inspire 2 飞行中起落架变形

#### 1.1.2.2 动力系统

**1. 电机**

电机用来驱动旋翼旋转从而产生推力。多旋翼无人机一般采用外转子无刷电机(定子为绕组与硅钢片组成的框架,转子磁钢在电机外部旋转)作为动力。它的优点是转动惯量大、转动平稳、转矩大、磁铁好固定等。无刷电机相对有刷电机寿命更长,性能更稳定。

普通的直流电机是利用碳刷进行换向的。碳刷换向存在很多缺点,例如机械换向产生的火花引起换向器和电刷摩擦、电磁干扰、噪声大、寿命短、结构复杂、可靠性差、故障多、需要经常维护等。而无刷直流电机在电机性能上和直流电机性能相近,同时电机没有碳刷。无刷电机是通过电子换向达到电机连续运转目的的。无刷电机的换向模式分为方波和正弦波驱动,就其位置传感器和控制电路来说,方波驱动相对简单、价廉而得到广泛应用。目前,多旋翼无人机多采用方波驱动无刷电机。

外转子无刷电机的命名原则,各个厂家有所不同,有的以电机定子的直径和高度来命名,也有的以电机的直径和高度来命名。多旋翼无人机所用的电机大多是以电机定子的直径与高度来命名的。例如大疆的 DJI 4114 电机,指的是该电机定子直径为 41 mm,定子高度为 14 mm,如图 1.8 和图 1.9 所示。

图 1.8 DJI 4114 电机和桨夹

图 1.9 无刷电机定子和转子

无刷电机的一个重要参数是 KV 值,它是指电机输入电压每提高 1 V,电机空载转速提高的量。例如大疆的 DJI 4114 电机的 KV 值是 400(r·min$^{-1}$)/V,即说明电机空载情况下加 1 V 电压转速为 400 r/min,2 V 电压转速为 800 r/min,依次类推。同型号电机(比如都是 4114)低 KV 值比高 KV 值提供的扭力大,类似于汽车一挡的速度虽然慢,但是爬坡更容易。但是低 KV 值需要配大螺旋桨,如果搭配不合适会造成严重的反扭现象。另外,像电机质量、最大拉力、最大起飞质量等也是无刷电机的重要参数。

**2. 电调**

电调的全称是电子调速器,它通过接收飞控发来的控制信号调节电机的转速,并且为电机提供稳定的电压。无刷电调输入是直流电,可以接稳压电源或者锂电池。一般的供电都需 2～6 节(每节标称电压为 3.7 V)锂电池。输出是三相脉动直流电,直接与电机的三相输入端相连。如果上电后电机反转,只需要把这三根线中的任意两根调换位置即可。无刷电调有一对信号线连出,用来与飞控系统连接,控制电机的运转。多旋翼无人机需要使用专用电调,以适应多轴快速反应。

无刷电调的主要参数有输入电压范围、输出持续电流和最大允许瞬时电流、兼容信号频率等。多旋翼航拍无人机通常为 11.1～22.2 V(3～6 节锂电池)直流电压,持续电流为 20～40 A,兼容信号频率为 30～450 Hz。一些通用型电调还带有免电池

电路（battey elimination circuit，BEC）输出，例如 5 V/2 A，可以为飞控和遥控接收器等设备供电。但是如果这些设备需要的供电电流大于 BEC 所能提供的电流，就需要专门的供电设备来供电。大疆的 DJI S1000+ 使用的是 4114 专用电调，工作电流为 40 A，工作电压为 22.2 V（6 节锂电池），兼容信号频率为 30～450 Hz，如图 1.10 所示。而机载设备使用专用电源管理模块（power management unit，PMU）供电。

图 1.10　DJI 4114 专用电调

**3. 旋翼**

靠桨叶在空气中旋转将发动机转动功率转化为推进力或升力的装置，称为旋翼或螺旋桨。它一般由多个桨叶和中央的桨毂组成，桨叶好像扭转的细长机翼安装在桨毂上，发动机轴与桨毂相连接并带动它旋转。直升机和旋翼机的旋翼也称为升力螺旋桨。

螺旋桨旋转时，桨叶不断把大量空气向后（或向下）推去，在桨叶上产生向前（或向上）的力，即推进力（或升力），如图 1.11 所示。一般情况下，螺旋桨除旋转外还有前进速度。如截取一小段桨叶来看，恰像一小段机翼。桨叶上的气动力在前进方向的分力构成拉力。在旋转面内的分量形成阻止螺旋桨旋转的力矩，由发动机的力矩来平衡。对于固定翼飞机来说主要提供的是推力（或拉力），对于多旋翼无人机来说提供的是升力。在不超过负载的情况下，无人机的螺旋桨可以更换为其他不同的桨，同样可以使其飞起来，只不过飞行效果和续航时间大相径庭。螺旋桨选得适合，飞行更稳，航拍效果和续航时间都能保证，选得不好可能效果就相反了。

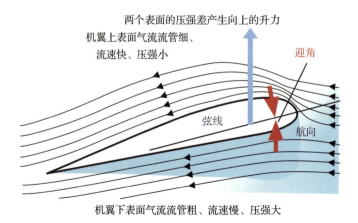

图 1.11　桨叶的剖面和飞机机翼的升力原理

螺旋桨一般有 2、3 或 4 个桨叶，如图 1.12 所示。桨叶数目越多，吸收功率越大。多旋翼无人机的螺旋桨大多使用两叶桨。与电机类似，螺旋桨也有如 8045、9047 等 4 位数字标示。前面两位代表螺旋桨的直径，也就是长度，单位是 in（1 in=2.54 cm）。但是要注意，9047 是直径为 9 in 的螺旋桨，而 1045 是直径为 10 in 的螺旋桨。后面两位数是指几何螺距。螺距原指螺纹上相邻两牙对应点之间的轴向距离，可以理解为螺丝转动一圈前进的距离，而螺旋桨的螺距是螺旋桨在固体介质内无摩擦旋转一周所前进的距离。简单来说，螺距可以理解为螺旋桨桨叶的"倾斜度"，螺距标称越大，倾斜度就越大。螺旋桨长度和螺距越大，所需要的电机或发动机级别就越大。螺旋桨的长度越大，某种程度上能够保证飞机俯仰稳定性越强；螺距越大，飞行速度就越快。四轴无人机为了抵消螺旋桨的自旋，相邻的螺旋桨旋转方向是不一样的，因此需要正反桨。顺时针旋转的叫反桨，逆时针旋转的叫正桨。安装的时候一定记得，无论正反桨，有标记的一面是向上的。

图 1.12　两叶桨和三叶桨

大疆 DJI S1000+ 使用的螺旋桨是可折叠桨，每个螺旋桨由两片型号为 1552 的碳纤维桨叶和一个桨座组成，如图 1.13 所示。

大疆 DJI Inspire 2 使用的快拆高原螺旋桨，型号是 1550T，如图 1.14 所示，是专为在海拔 2 500～5 000 m 地区飞行设计的螺旋桨，能让 Inspire 2 在高原地区安全飞行。大疆"御" Mavic 2 pro 使用的 8743 降噪螺旋桨，如图 1.15 所示。

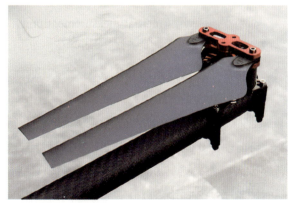

图 1.13　大疆 DJI 1552 折叠桨

图 1.14　大疆 DJI 1550T 快拆高原桨

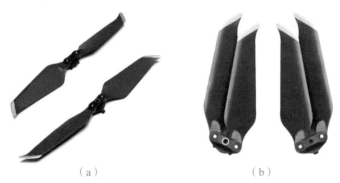

（a）　　　　　　　　　（b）

图 1.15　大疆"御" Mavic 2 pro 使用的 8743 降噪螺旋桨

#### 1.1.2.3　飞行控制系统

飞行控制系统相当于无人机的大脑。飞行控制系统通过无人机上搭载的各类传感器获得数据，对这些数据进行演算处理从而控制机体的飞行。除此之外，飞行控制系统也承担信息传递的职责。

飞行控制系统主要包括主控、惯性测量单元、定位导航系统（GPS）等模块。

**1. 主控**

主控（flight controller，FC）即飞行控制器，是飞控系统的中央控制器，负责数据信号的接收、处理和传输，向动力系统不断发送修正指令，调整电机转速。

**2. 惯性测量单元**

惯性测量单元（inertial measurement unit，IMU）是无人机内部重要的传感器，用来感知飞行姿态、加速度和高度的变化，然后将所得数据传递给主控，由主控处理并输出修正指令。一般来说 IMU 就包含了加速度传感器、陀螺仪与气压传感器。

（1）加速度传感器。加速度传感器用来提供无人机在 $X$、$Y$、$Z$ 三轴方向所承受的加速力，它也感知无人机在静止状态时的倾斜角度。当无人机呈现水平静止状态时，$X$ 轴与 $Y$ 轴为 $0\,g$ 输出，而 $Z$ 轴则为 $1\,g$ 输出。地球上所有对象所承受的重力均为 $1\,g$。若要无人机 $X$ 轴旋转 $90°$，就要在 $X$ 轴与 $Z$ 轴施以 $0\,g$ 输出，$Y$ 轴则施以 $1\,g$ 输出。倾斜时，$X$、$Y$、$Z$ 轴均施以 $0\sim1\,g$ 之间的输出，相关数值便可应用于三角公式，让无人机达到特定倾斜角度。图 1.16 所示的是无人机的三个运动轴。

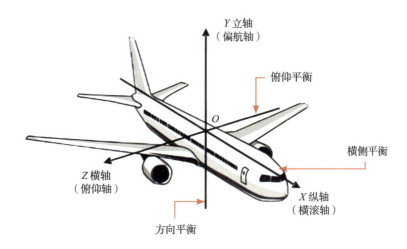

图 1.16　无人机的三个运动轴

加速度传感器同时也用来提供水平及垂直方向的线性加速。相关数据可用来计算速率、方向，甚至是无人机高度的变化率。加速度传感器还可以用来监测无人机所承受的震动。

对任何一款无人机来说，加速度传感器都是一个非常重要的传感器，因为即使无人机处于静止状态，都要靠它提供关键输入。

（2）陀螺仪。陀螺仪的原理：一个旋转物体的旋转轴所指的方向在不受外力影响时，是不会改变的 [ 见图 1.17(a)]。人们根据这个原理，用陀螺仪来保持方向，然后用多种方法读取旋转轴所指示的方向，并自动将数据信号传给控制系统。我们骑自行车其实也是利用了这个原理，轮子转得越快，自行车越不容易倒，这是因为车轴有一股保持水平的力量。现代无人机普遍使用微机电系统（micro-electro-mechanical system，MEMS）陀螺仪 [ 见图1.17（b）]，相比于传统的陀螺仪，它有明显的优势：体积小、质量小、成本低、可

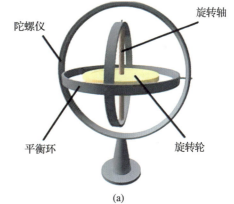

(a)

(b)

图 1.17　陀螺仪
(a) 三轴陀螺仪；(b)MEMS 陀螺仪

靠性高、功耗低、测量范围大等。三轴陀螺仪主要用来测量无人机在飞行过程中俯仰角、横滚角和偏航角的角速度，并根据角速度积分计算角度的改变。由陀螺仪提供的信息汇入飞控系统，通过动态控制电机速度维持无人机稳定。

（3）气压传感器。气压传感器运作的原理，就是利用大气压力换算出高度。气压传感器能侦测地球的大气压力。由气压传感器所提供的数据能协助无人机导航，上升到所需的高度。准确估计上升与下降高度，对无人机飞行控制来说相当重要。

3. 定位导航系统

（1）GPS。如同汽车有导航系统一般，无人机也有导航系统，如图1.18所示。通过 GPS，才可能知道无人机机体的位置信息。GPS 是全球导航系统之一，是美国的卫星导航系统。不过现在的无人机不单单采用 GPS 了，有些机型会同时利用 GPS 和中国的北斗卫星导航系统与其他卫星导航系统相结合，同时接收多种信号，检测无人机位置。无论是设定经度、纬度进行自动飞行，还是保持定位进行悬停，都要靠 GPS 发挥重要的功能。

图 1.18　DJI GPS 模块

GPS 定位原理是三点定位。GPS 定位卫星在距离地球表面约 22 500 km 处，它们的运动轨道正好形成一个网状面，在地球上的任意一点，都可以同时收到 3 颗以上卫星的信号。卫星在运动的过程中会一直不断地发出电波信号，信号中包含数据包，其中就有时间信号。GPS 接收机通过解算来自多颗卫星的数据包以及时间信号，可以清楚地计算出自己与每一颗卫星的距离，使用三角向量关系计算出自己所在的位置。GPS 定位后，数据信号会通过编译器再次编译成电子信号传给飞控，让飞控知道自己所在的位置、任务的位置和距离、家的位置和距离以及当前的速度和高度，然后再由飞控驾驶飞机飞向任务位置或回家（返航）。

不过由于卫星会经常移动，同时受建筑物与磁场的影响，所以也存在接收不到 GPS 信号的情况。这一点是值得注意的。

（2）指南针。指南针用于为无人机提供方向感。它能提供装置在 $X$、$Y$、$Z$ 各轴向所承受磁场的数据。相关数据会汇入微控制器的运算器，以提供磁北极相关的航向角，然后就能用这些信息来侦测地理方位。大疆无人机中，指南针和 GPS 协同工作，如果指南针出现异常，会影响无人机定点悬停和自动返航。指南针很容易受环境磁场干扰，如高压输电线路和大型金属设备、铁矿、带有钢筋的建筑区域等。

（3）超声波传感器。无人机采用超声波传感器，就是利用超声波碰到其他物质会反射这一特性，来进行高度控制的。近地面的时候，利用气压传感器是无法进行高度控制的，但是利用超声波传感器在近地面就能够实现。气压传感器同超声波传感器结合，就可以实现无人机无论是在高空还是低空都能够平稳飞行。

4. 自主避障系统

无人机的自主避障功能让飞行安全多了一层保障。目前大疆 DJI 无人机主要是通过三个感知系统来实现避障的，分别是视觉感知系统、红外感知系统以及超声波感知系统。

（1）视觉感知系统，通过一组摄像头来模拟人类视觉，从两个点观察一个物体，以获取在不同视角下的图像，并根据图像之间像素的匹配关系测量计算，从而得出物体的三维信息。

（2）红外感知系统，发射红外线并接收反射后的红外线信号，通过三角测量原理来测算物体距离。

（3）超声波感知系统，通过发射与接收超声波信号的时间差，来测算物体距离。现阶段超声波感知系统应用较少，主流飞行器主要应用视觉感知系统和红外感知系统。

除了上述几种传感器，无人机中还可能会用到检测电压电流状态的传感器、检测障碍物的红外线传感器。正是由这些宛如人感官般的传感器在无人机中发挥作用，无人机才能够在空中平稳飞行。

如图 1.19 所示，DJI S1000+ 使用的飞控主要有 A2 飞控和升级的 A3 飞控。

A2 飞控内置 2.4 GB 接收机 DR16，直接支持 Futaba FASST 系列遥控器，并配备高性能抗震 IMU 模块和高精卫星导航接收机 GPS-COMPASS PRO PLUS。其主要特性如下。

（1）适用图 1.1 的九种常用多旋翼平台，支持用户自定义电机混控，智能方向控制。在普通模式下，无人机的飞行前向为无人机的机头朝向。启

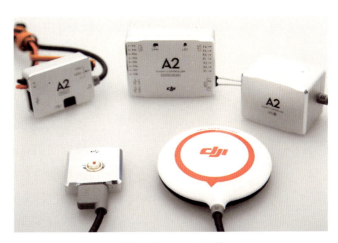

图 1.19　DJI A2 飞控

用智能方向控制后，在飞行过程中，无人机的飞行前向与无人机机头朝向没有关系。在航向锁定模式下，飞行前向和主控记录的某一时刻的机头朝向一致，如图 1.20 所示。

图 1.20　航向锁定模式示意图

在返航点锁定模式下,飞行前向为返航点到无人机的方向,如图 1.21 所示。

图 1.21　返航点锁定模式示意图

(2)热点环绕功能。在 GPS 信号良好的情况下,可以通过拨动遥控器上预先设置好的开关,将无人机当前所在的坐标点记录为热点。以热点为中心,在半径 5～500 m 的范围内,只需要发出横滚的飞行指令,无人机就会实现 360°的热点环绕飞行,机头方向始终指向热点的方向,也就是俗称的"刷锅"。该功能设置简单,使用方便,可实现对固定的景点进行全方位拍摄,如图 1.22 所示。

(3)智能起落架功能。使用智能起落架功能,一旦通电后,保护起落架在地面默认放下(不会意外收起);在紧急情况(如断桨保护、自动降落等)时放下起落架,以保护无人

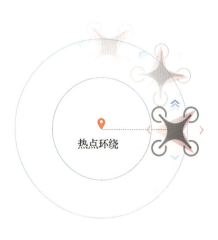

图 1.22　热点环绕示意图

机和云台；飞行高度超过 5 m 后可通过设置的开关控制起落架的收起和放下。

A2 飞控飞行模式如下。

（1）失控返航和一键返航。当无人机与遥控器之间因为控制距离太远或者信号干扰失去联系时，系统将触发失控保护功能，在 GPS 信号良好的情况下，自动触发自动返航安全着陆功能。此外还有遥控器开关触发自动返航的功能，无须进入失控保护模式，称为一键返航。

（2）协调转弯模式。横滚与偏航杆合二为一，辅助协调转弯。定高飞行时可单手控制，固定翼式转弯与悬停完美融合，带来全新飞行驾感。第一人称视角航拍镜头流畅转换，体验不同视觉效果。

（3）巡航控制模式。可以设置定速巡航和变速巡航模式，简化飞行操作。驾驶员可以专注云台控制，减少变速损耗，延长续航时间。可以精准控速，轻松完成匀速航线镜头。可以打杆调速，方便随时修改巡航速度。

（4）断桨保护功能。对于六轴及以上的机型，断桨保护功能是指在姿态或 GPS 姿态模式下，无人机意外缺失某一螺旋桨动力输出时，可以采用牺牲航向轴控制的办法，继续保持飞行水平姿态。此时无人机可以继续被操控，并安全返航。这一设计大大降低了炸机（无人机坠落）的风险。

DJI A3 飞行控制器是 A2 的升级版，具有更加强大的功能。可通过两个 IMU+GNSS 全球导航卫星系统（global navigation satellite system，GNSS，又称全球卫星导航系统）升级套件升级至 A3 Pro。A3 Pro 配备三套 IMU 和 GNSS 模块，配合软件解析余度实现 6 路冗余导航系统。在飞行中，系统通过先进的软件诊断算法对三套 GNSS 和 IMU 数据进行实时监控，当导航系统中的传感器出现异常时，系统立即切换至另一套传感器，以保障可靠、稳定的飞行表现。

A3 和 A3 Pro 采用全面优化的姿态解析以及多传感器融合算法，精准可靠。系统具备强大的适应性，可在不同类型的飞行器上实现参数免调。当六轴或八轴飞行器出现动力故障时，容错控制系统可以让飞行器自动稳定飞行姿态，保障飞行安全。

A3 和 A3 Pro 提供全新的工业系统解决方案，可集成厘米级精度的 D-RTK GNSS 模块、智能电调和 Lightbridge 2 高清图传。开发者可使用 DJI Onboard SDK 和 Mobile SDK 定制专属应用，实时获取飞行器状态信息，并且控制飞行器、云台和相机。A3 系列配备控制器局域网（controller area network，CAN）总线、应用程序接口（application program interface，API）等丰富的硬件接口，可连接第三方传感器或其他设备，能针对各种行业应用对飞行平台进行灵活定制，如图 1.23 所示。

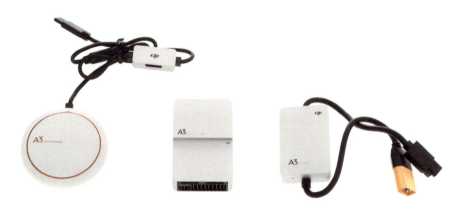

图 1.23 DJI A3 飞控

#### 1.1.2.4 电池系统

多旋翼无人机上用的电池为锂聚合物电池（Li-polymer，又称高分子锂电池），一般简称为锂电池。锂聚合物电池具有能量密度高、小型化、超薄化、轻量化，以及高安全性、低成本等多种明显优势，是一种新型电池。在外形上，锂聚合物电池具有超薄化特征，可以配合各种产品的需要，制作成各种形状与容量的电池。其外包装为铝塑包装，有别于液态锂电池的金属外壳，内部质量隐患可立即通过外包装变形而显示出来，比如鼓胀。

下面就以一块标称电压22.2 V，标称容量10 000 mA·h航拍动力电池为例说明，如图1.24所示。它一般是由6片额定电压为3.7 V、容量10 000 mA·h的锂电池芯串联而成的，即常说的6S1P。也可以是6S2P，即由12片5 000 mA·h的电池并联加串联组成。这里要说明的是，6S1P比6S2P安全系数要高，因为1P比2P的结构简单一半，当然1P价格也更高。

无人机用锂电池中，单片电芯标称电压为3.7 V（高电压版为3.8 V），是从平均工作电压获得的。单片锂电池芯的实际电压为2.75～4.2 V（高电压版为4.35 V），锂电池上标示的电池容量是4.2 V放电至2.75 V所获

图 1.24 22.2 V，10 000 mA·h航拍动力电池

得的电量。例如容量为10 000 mA·h的电池如果以10 000 mA的电流放电可持续放电1 h，如果以5 000 mA的电流放电则可以持续放电2 h。锂电池必须保持在2.75～4.2 V这个电压范围内使用。如电压低于2.75 V则属于过度放电，锂电池会膨胀，内部的化学

液体会结晶，这些结晶有可能会改变电池内部结构层并造成短路，甚至会让锂电池电压变为零。充电时单片电压高于 4.2 V 属于过度充电，内部化学反应过于激烈，锂电池会鼓气膨胀，若继续充电则可能会膨胀、燃烧。因此一定要用符合安全标准的正规充电器对电池进行充电，同时严禁对充电器进行私自改装，否则可能会造成很严重的后果。

实际使用中不能将电池单片电芯电压放电到 2.75 V，此时电池已不能提供给无人机有效电力来飞行。为了安全飞行，可将单片报警电压设为 3.6 V，如达到或接近此电压，就要马上执行返航或降落动作，尽可能避免因电池电压不足导致无人机坠落。

电池的放电能力是以容量 C 的倍数来表示的，它的意思是按照电池的标称容量最大可达到多大的放电电流。1 C 指以电池标称容量大小为单位对电池进行（可能）的 1 h 的持续放电的方式，1 通常指倍率，C 表示容量。常见的无人机用电池有 15 C、20 C、25 C 或者更高的倍数。例如：10 000 mA·h 容量的电池以平均电流 10 000 mA（10 A）持续放电 1 h，10 A 即是这个电池的 1 C。再如电池标有 10 000 mA·h，25 C，那么最大放电电流是 10 A×25=250 A，如果是 15 C，那么最大放电电流是 10 A×15=150 A。无人机在进行大动态飞行的时候，C 数越高电池就能根据动力消耗的瞬间提供更多电流支持，它的放电性能会更好。当然 C 数越高，电池价位也会越高。千万不要超过电池的放电 C 数进行放电，否则电池有可能会报废或燃烧爆炸。

电池是为无人机提供动力的唯一能源，正确地使用和维护对延长电池寿命非常重要。因此在使用和保养中应注意以下事项。

（1）平衡充电。锂电池串联充电时，应保证每节电池均衡充电，否则使用过程中会影响整组电池的性能和寿命。一定要使用专门的平衡充电器为锂电池充电。

（2）不过充和过放。要确保充电电压不超过 4.2 V，充电完毕要及时拔掉充电插头。充电时一定要按照电池规定的充电 C 数或更低的 C 数进行充电，一般正常充电电流为 1 C，紧急情况下也不可超过电池说明书中规定的最大充电电流。

电池的放电曲线表明，刚开始放电时，电压下降比较快，但放电到 3.9～3.7 V 之间，电压下降不快。一旦降至 3.7 V 以后，电压下降速度就会加快，控制不好就会导致过放，轻则损伤电池，重则电压太低造成炸机。如果经常过放电，会使电池寿命缩短。无人机动力电池的电压或者剩余电量一般会在图传接收的显示器上显示，要时刻注意电池电量，一旦报警就应尽快返航降落。

（3）不满电保存。充满电的电池，不能满电保存超过 3 天。如果超过一个星期不放电，有些电池就直接鼓包了，有些电池可能暂时不会鼓包，但几次满电保存后，电池可能会直接报废。因此，正确的方式是，在接到飞行任务后再充电，电池使用后如在 3 天内没有飞行任务，要将单片电压充至 3.80～3.90 V 保存。如果充好电后因各种原因没有飞行，也要在充满电后 3 天内把电池放电到 3.80～3.90 V 保存。如果在三个月内没有使用电池，将电池充放电一次后继续保存，这样可延长电池寿命。电池应放置在阴凉的环境下贮存，长期存放电池时，最好能放在密封袋中或密封的防爆箱内，建议环境温度为 10～50 ℃，且干燥，无腐蚀性气体。

（4）不损坏外皮。电池的外皮是防止电池爆炸和漏液起火的重要结构。锂电池的铝塑外皮破损将会直接导致电池起火或爆炸。电池要轻拿轻放，在无人机上固定电池时，扎带要束紧，因为会有可能做大动态飞行或摔机，电池若扎不紧会甩出，很容易造成电池外皮破损。

（5）不低温使用。在北方或高海拔地区常会有低温天气出现，此时电池如长时间在外放置，温度过低，电池的放电性能会大大降低，工作时间会大大缩短。此时应将报警电压升高（比如单片报警电压调至 3.8 V），因为在低温环境下电压下降会非常快，报警一响应立即将无人机降落。同时要给电池做保温处理，在起飞之前电池要保存在温暖的环境中，比如房屋内、车内、保温箱内等。在要起飞时快速安装电池，并执行飞行任务。在低温飞行时尽量将飞行时间缩短到常温状态的一半，以保证安全飞行。

可以在电池组中增加自动检测和管理电路，就使其变成了智能电池。智能电池的主要功能如下。

（1）解决过放电。为了避免过放电，智能电池在电池组里增加了过放电保护电路，当放电电压降到预设电压值时，电池停止向外供电。然而实际的情况还要更复杂一些，比如笔记本电脑、无人机、电动汽车，如果因避免电池过放电而立即停止供电，那么电脑就会立即关机，很多数据来不及保存，无人机就会从上空直接掉下来，电动汽车就会在毫无征兆的情况下抛锚。因此，智能电池的放电截止只是电池自我保护的最后一道防线，在此之前，管理电路还要计算出末端续航时间，来为用户提供预警，以便用户有足够的时间来采取相应的安全措施。

以大疆 Inspire 1 为例，它采用的智能电池（见图 1.25），在与飞控数据融合后可实现三级电压预警保护措施。

第一级：当检测到电量剩余 30% 时，开始报警，提示用户应该注意剩余电量，提前做好返航准备。

第二级：当检测到剩余电量仅够维持返航时，开始自动执行返航。这个时间点的把握，与飞行距离、

图 1.25　大疆 DJI Inspice1 智能电池

高度有关，是智能电池数据与无人机飞控数据融合后实时计算出来的。

第三级：当检测到剩余电量都不足以维持正常返航时（例如返航途中遇到逆风，则有可能超出预估的返航时间），则执行原地降落，以最大限度避免无人机因缺电而坠毁。

续航时间的计算结果与飞行距离、飞行高度、当前电机输出功率等因素有关。这些因素都是动态变化的，而且变化幅度有可能很大，所有数据都需要实时计算。这对于智能锂电池管理芯片、算法设计都会提出极高的要求。

（2）解决充电和保存问题。目前大量锂电池组采用了多电芯串并联形式，由于个体差异，所有电芯充电和放电不可能做到100%均衡，因此一套完善的充电管理电路就显得尤为必要了。所以智能锂电池要具备的第二项功能就是对锂电池组进行完善的充电管理以及放电管理。

大疆Inspire 1的智能锂电池内置了一个锂电池的专用充电管理电路，并且能够对电芯单体进行电压均衡管理，所以，对于充电器（电源适配器）的要求就不那么高了，只要提供合适的充电电压和充电电流，就能够对该智能锂电池进行充电。因此，Inspire 1所搭配的充电器只是一个电源适配器，真正的充电管理电路在电池里面。

智能锂电池还具有自放电功能。当电池电量大于65%且无任何操作放置10天后，电池会启动自放电程序，将电量放到65%，以便于锂电池长时间保存。自放电时间间隔还能通过App进行设置。

（3）解决电池电量检测问题。传统的电池要检测电压，需要额外连接检测装置，比如电压表等，而且这种检测不能在飞行过程中实时进行。

大疆Inspire 1的智能锂电池通过4颗发光二极管（light-emitting diode，LED）直观提示用户电池的当前剩余电量，实时显示，在飞行过程中也能显示，通过数字图传，实时回传电压数据。在App里还可以查看电池组单体的电压，App还能够记录电池历史数据，比如使用次数、异常次数、电池寿命等。如果电池异常，能够通过LED灯进行提示，例如短路、充电电流过大、电压过高、温度过高、温度过低等。

（4）解决电极触点电腐老化问题。当把普通锂电池连接到无人机上的那一瞬间，插头会冒出火花，并伴随打火的响声。时间一长，插头的连接可靠性就降低了，会导致插头发热，甚至空中熔解。因插头老化问题导致无人机坠毁的案例并不少见。

当把智能电池安装到无人机上时，电极触点并不会直接通电，因此不会产生火花，也不会产生电蚀现象，这样一来，电极触点的寿命就能获得提升。点按电池上的轻触开关按钮，电池才会真正进入电力输出状态，关闭电池时，也是通过轻触开关按钮来执行的。

（5）解决电池版权问题。智能电池使电池版权得到了很好的保护，无人机只能使用原厂提供的锂电池，电池品质能够得到比较好的保证，一致性也较好，可靠性理论上也更好。但随之带来的是电池成本的提高，增加了消费者负担。

智能电池虽然解决了以上问题，但是增加的自动管理电路也会消耗一定的电能，如果电池长时间不用，更要及时补充充电，否则当电池电压低于最低保护电压时，管理电路自动锁定，电池无法再进行充电和放电，俗称"饿死"，那电池就报废了。

#### 1.1.2.5 遥控装置

遥控装置包括接收机和遥控器。接收机装在无人机上。一般按照通道数将遥控器分成六通道、八通道、十四通道以及更多通道的遥控器，如图 1.26 所示。遥控器上的通道数即表示信号模式，一个通道对应一个信号，这个信号使得无人机可以做出相应的动作，如前进、后退、左转、右转等都各用一个通道，就像家里的灯一样，不同的开关管理着不同的灯，一个开关控制一路，即一个通道。遥控器通道越多，则表示能控制的功能越多，可以做更多的动作。多旋翼无人机最基本的飞行动作有上升下降（油门）、左右移动（横滚）、前后运动（俯仰）和水平转弯（偏航）等，这些动作各需一个遥控通道，再加上起落架收放、飞控模式转换、云台控制（俯仰、水平转动、横滚等）、相机控制等，共需要 9 个以上通道。更多的通道可以执行更多的动作和实现更多的功能，当然也要更高的成本，要根据实际需要来选择。

图 1.26　FUTABA 14SG 2.4 GHz 十四通道遥控器

#### 1. 普通航模用遥控器

大部分的民用无人机采用的都是与普通航模遥控器近似的 2.4 GHz 或 5.8 GHz 遥控器，以操纵方式不同分为亚洲流派（俗称"日本手"）和欧美流派（俗称"美国手"）。两种操纵方式的区别在于控制油门的操纵杆是在右边（日本手）还是左边（美国手），如图 1.27 所示。固定翼的飞手用日本手较多，而直升机的飞手则习惯采用美国手，两种流派各有利弊。对于新手而言，主要还是取决于周围的群体采用哪种流派飞行的多，这样方便老飞手进行指导和帮助调试飞机。市场上主流的多旋翼无人机一般默认都是美国手。

图 1.27　美国手和日本手

例如 FUTABA 14SG 2.4 GHz FASST 系列遥控器适用于大部分的 DIY（DIY 是"Do It Yourself"的英文缩写，意思是自己动手制作）机型和专业航拍机。DJI A2 飞控内置 16 通道 DR16 接收机，可以直接与 FUTABA FASS 系列遥控器搭配使用。要实现航拍功能时需外接图传系统和显示器，或使用手机、平板电脑作为显示器。

2. 专用遥控器

与普通航模用遥控器相比，专用遥控器（见图 1.28）通常集成了图传接收和显示器，一般无法通过更换接收机来使用其他品牌的遥控器，控制方式则与普通航模遥控器一致。专用遥控器一般集成度高，通常采用专用的数字图传技术，清晰度高于模拟图传，不易出现同频干扰导致视频信号丢失。无人机内置图传，可降低新手安装难度和减轻无人机质量，延长飞行时间。

专业航拍无人机一般同时配备主、从两只遥控器，主机由飞手（无人机驾驶员）进行操控，从机由云台手（航拍摄影师）进行操控，也叫"双控"。飞手根据云台手对拍摄画面的要求操控无人机的飞行动作，云台手操控云台相机进行构图和拍摄。使用双控时，云台要调整为"自由模式"（非方向锁定模式），这时无人机的横滚和转向动作不影响云台的姿态，从机的左摇杆控制云台的俯仰，右摇杆控制云台的方向。

图 1.28　DJI 专用遥控器

## 1.2　无人机任务设备

多旋翼无人机根据所执行任务的不同而携带不同的任务设备。航拍无人机任务设备主要有云台、相机、图像传输系统等。

### 1.2.1　相机和云台

在航拍无人机中，所有的部件都是围绕着相机工作的，而相机的好坏直接决定了图片和视频质量的高低。

云台是连接相机和无人机机身的关键部件。在无人机飞行时，螺旋桨高速转动会产生高频振动，同时无人机的快速移动也会使相机随之运动，如果没有一定的补偿和增稳措施，无人机拍摄出的画面将难以稳定和平滑。而使用带有三轴陀螺仪的云台，无论无人机运动方向如何，无人机的云台始终能保证相机的姿态平稳，使得拍摄画面时除了水平方向位移之外，不会产生横滚和俯仰上的偏移或者抖动。因此，云台在无人机航拍过程中起到了非常重要的作用。

云台和相机分为可更换式和不可更换式两种。

**1. 可更换式**

专业级航拍无人机一般采用可更换式云台，可以使用与云台配套的航拍相机，或使用第三方如佳能 5D Mark Ⅲ、松下 GH4 以及 BMD BMPCC 等高画质的数码相机，甚至 RED EPIC 超高清数字电影摄影机，来满足更高拍摄需求。例如：大疆的 Zenmuse 禅思系列专业航拍云台（见图 1.29），结合了三轴陀螺仪、IMU 反馈系统和专用伺服驱动模块等单元，搭配 A3 系列多旋翼飞控使用，可获得极佳的输出效果。禅思云台支持方向锁定控制模式、第一人称视角（first person view，FPV）模式和非方向锁定控制模式三种。

姿态增稳指云台横滚和俯仰方向不跟随无人机横滚、俯仰方向变化。

方向锁定控制模式（跟随模式）：当机头方向变化时，云台指向跟随机头指向变化，云台与机头保持相对角度不变。

FPV 模式：云台指向与开机时无人机机头指向一致，云台横滚方向的运动自动跟随无人机横滚方向的运动而改变，以取得第一人称视角飞行体验。

非方向锁定控制模式：当机头方向变化时，云台指向不跟随机头指向变化，云台与机头保持相对角度可变。

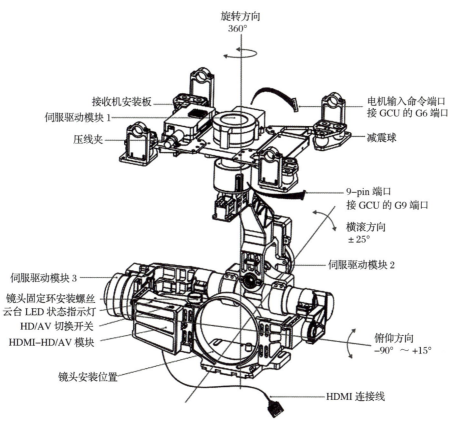

图 1.29　DJI Z15-5D III (HD) 云台

**2. 不可更换式**

消费级无人机一般采用不可更换的一体式云台相机，与一体化遥控器等设备深度定制。一体式云台相机使用方便，无须调试，适合普通航拍爱好者使用。其质量较轻，体积较小，有利于增加飞行时间。一体式云台相机可以在飞行时使用 App 调整拍摄参数，取得更好的拍摄效果。

### 1.2.2　图传

图传指的是视频传输装置，作用是将无人机在空中拍摄的画面实时传输至飞手手中的显示设备上，使得在远距离飞行时飞手能判断无人机状态并获得相机的拍摄画面，以方便取景。正是有了图传，操纵无人机时才获得了身临其境的感觉。现有的图传主要有模拟和数字两种，而其组成部分主要有发射端、接收端和显示端三部分。

**1. 模拟图传**

早期的图传设备采用的都是模拟制式，它的特点是只要图传发射端和接收端工作在一个频段上，就可以收到画面。模拟图传价格低廉，可以多个接收端同时接收视频信号。模拟图传的发射端相当于广播,只要接收端的频率和发射端一致,就可以接收到视频信号,方便多人观看。其工作距离可较远,以常用的 600 mW 图传发射为例,开阔地工作距离在 2 km 以上。配合无信号时显示雪花的显示屏,在信号微弱时,也能勉强判断飞行姿态。模拟视频信号基本没有延迟,但容易受到同频干扰,两个发射端的频率若接近时,很有可能导致本机的视频信号被别的图传信号插入。模拟图传视频带宽小,画质较差,通常分辨率在 640×480 DPI(dots per inch,点每英寸),影响拍摄时的感观。

### 2. 数字图传

专用的数字图传(见图 1.30),它的视频传输方式是通过 2.4 GHz 或 5.8 GHz 的数字信号进行的。专用数字图传一般集成在遥控器内,只需在遥控器上安装手机或平板电脑作为显示器即可。数字图传传输质量较高,分辨率可达 720 PPI(pixels per inch,像素每英寸)甚至 1 080 PPI(pixels per inch,像素每英寸),并且实时回看拍摄的照片和视频方便。而且因为数字图传集成在机身内,所以可靠性较强,一体化设计也较为美观。

图 1.30　DJI Lightbridge 2 数字高清图传

## 思考与练习题 1

1. 多旋翼无人机由哪些部分组成?
2. 无人机是如何测定高度的?
3. GPS 是如何定位的?
4. 如何正确使用和保养锂聚合物电池?
5. 智能云台的作用是什么?

# 第 2 章
# 无人机航拍相机
CHAPTER TWO

### 内容提示 ▶

本章通过介绍无人机航拍常用相机的种类、航拍镜头、图像传感器、防抖装置等内容,让读者深入了解航拍相机;同时讲解如何设置航拍相机,帮助初学者快速理解对焦、光圈、快门、感光度、曝光补偿、白平衡、动态范围等内容,为航拍创作打下坚实基础。

### 教学要求 ▶

(1)了解常用航拍相机的种类;
(2)了解航拍镜头;
(3)掌握航拍相机的设置。

### 内容框架 ▶

无人机航拍相机 ─┬─ 航拍相机的种类和镜头
              └─ 航拍相机的设置

## 2.1 航拍相机的种类和镜头

### 2.1.1 航拍常用相机的种类

图2.1 DJI Phantom 4 云台相机

以大疆航拍无人机为例,航拍相机可分为以下几类。

(1)消费级一体机Phantom "精灵"系列和Mavic"御"系列等采用一体化云台的相机,如图2.1所示。

(2)高端航拍一体机Inspire "悟"系列,其中Inspire 1 Raw有航拍电影机的称号。同时还可以搭载行业应用的"禅思"XT红外热成像云台相机和"禅思"Z3可7倍变焦云台相机,如图2.2和图2.3所示。

(3)准专业级的Spreading Wings "筋斗云"系列,配合DJI "禅思"Z15系列云台,如图2.4所示,搭载第三方DSLR相机系统,如松下GH4、佳能EOS 5D Mark Ⅲ,BMD BMPCC等等。

图2.2 DJI禅思XT红外热成像云台相机(不含镜头)

图2.3 DJI禅思Z3可7倍变焦云台相机

（4）针对行业应用及高端影视航拍的 Matrice "经纬" 系列，与 Inspire 一样可以搭载 "禅思" X 系列云台相机，如 X3/Z3/XT/X5/X5R。而 M600 除了可搭载 RONIN MX（支持 Red/Arri mini 等高端电影机），也可以搭载 "禅思" Z15 和 X 系列云台及相机。

图 2.4　DJI ZENMUSE Z15-5D Ⅲ 云台

### 2.1.2　镜头

相机镜头是相机中最重要的部件，因为它的好坏直接影响到拍摄成像质量的优劣。同时镜头也是划分相机种类和档次的一个最为重要的标准。一般来说，根据镜头，可以把相机划分为专业相机、准专业相机和普通相机三个档次，无论是传统的胶片相机还是数码相机，都适用于这个划分。镜头又分为变焦和定焦两大类。

摄影镜头的品种和样式很多，但主要是按其焦距进行分类的。在摄影镜头的镜圈上可看到一组数据，如 $F$=50 mm 或 $F$=28 mm 等，这就是镜头焦距（focal length）的标志。

镜头是由一组透镜组成的，因此焦距不是从镜头透镜中心点到焦点成像（聚焦）平面的距离，而是由透镜的主点算起的。镜头焦距，即从镜头主点到成像聚焦平面的距离，如图 2.5 所示。

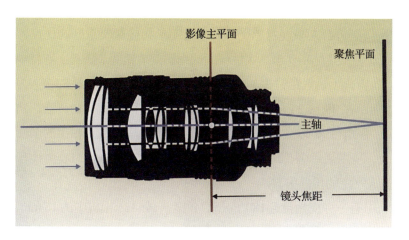

图 2.5　镜头焦距示意图

镜头焦距类型有固定焦距的定焦镜头，也有可灵活变动焦距的变焦镜头。镜头焦距可短至几毫米、长到几千毫米，主要分为长焦距、标准焦距、短焦距三大类型（见图 2.6）。一般数码相机的镜头焦距因其图像传感器的尺寸大小、种类差异会有不同的变化。但都是按传统 135 相机镜头的焦距来折算的（等效镜头焦距），相机说明书上都会有具体说明。

图 2.6　镜头群

#### 2.1.2.1　镜头焦距及成像特点

（1）标准镜头。在镜头的设计和制造中，把与人眼视角大致相同的镜头（视角为 46°）称为标准镜头。标准镜头的焦距长度与相机画幅对角线长度相近，由于不同相机的画幅大小是不一样的，所以对应的标准镜头的焦距也是不同的。例如：135 相机标准镜头的焦距范围一般为 40～58 mm，120 相机标准镜头的焦距范围一般为 75～90 mm。

标准镜头具有符合人眼视觉感受、无夸张变形和成像质量好的优点，适用于拍摄正常效果的画面，尤其是在要求真实性较高的纪实类（新闻、资料）题材中用得很多。

（2）广角镜头（短焦距镜头）。焦距短，视角广于标准镜头的镜头为广角镜头。135 相机中，焦距在 38～24 mm、视角在 60°～90°之间的镜头为普通广角镜头；焦距在 20 mm 以下、视角在 90°以上的镜头称为大广角镜头。广角镜头拍摄的画面，视野宽阔，空间纵深度大，可以展示强烈的空间效果。同时，对被摄物体的成像具有较大的透视变形影响，造成一定的扭曲失真。

广角镜头中有一种视角接近 180°的超广角镜头，如 135 相机中的 16 mm、9 mm 镜头，此类镜头的镜片凸出，类似于鱼的眼睛，所以又称为"鱼眼镜头"。鱼眼镜头又分全视场与圆视场两种。全视场拍摄的画面场景为长方形的，但地平线和垂直线被扭曲成弧线；圆视场镜头拍摄的画面则把景物变形压缩在一个圆球形画面里。鱼眼镜头较一般广角镜头景深更大，视野更宽阔，夸张地改变透视关系。鱼眼镜头常常用于拍摄大场面照片，能给画面造成独特的视觉效果。

（3）长焦距镜头（望远镜头）。焦距长、视角小于标准镜头的镜头为长焦距镜头。135 相机中，长焦距镜头的焦距一般有 70 mm、85 mm、135 mm、300 mm、500 mm 等，视角在 5°～30°。摄影界习惯把 70～100 mm 段的镜头称为中焦镜头，把 135 mm 以上的镜头称为长焦镜头。长焦镜头拍摄远距离景物时能把景物拉近，获得较大的影像，因此又称为望远镜头。这类镜头在远处拍摄时不会惊动被摄对象，比较容易抓拍到自然、生动的画面。

（4）微距镜头。微距镜头或微距功能是专门为近距离拍摄或拍摄微小对象而设计的，焦距大多在 30～80 mm。微距镜头可以将微小的物体如邮票、硬币甚至更小的物体，按一比一的比例记录到画面上，也可以在很近的距离内拍摄，对表现物体的细节和保证影像的质量都具有特别的优势。

#### 2.1.2.2　变焦与定焦

现在的数码相机都是变焦距镜头（变焦镜头），使用非常方便，而早些年的传统相机多是固定的焦距镜头（定焦镜头），工作时需要同时配几个焦距的镜头换着用，十分不便。

（1）定焦镜头与变焦镜头。定焦镜头具有成像质量好、口径大、价格低廉等特点；变焦镜头是可以连续变动焦距的镜头，在拍摄实践中具有一镜走天下的巨大优势。一个变焦镜头具有多种焦距区段，如 28～70 mm、28～135 mm、28～200 mm，35～350 mm 等，拍摄时可根据需要迅速变换焦距，减少使用定焦镜头时更换镜头的麻烦；其不足之处是变焦镜头口径通常较小，一般在 $f/3.5$～$f/5.6$，纳光量较小，在曝光时间上受限较多，镜头的成像质量也远不如定焦镜头。

（2）光学变焦与数码变焦。光学变焦是利用镜头中的镜片位置移动而改变焦距的，就像望远镜的原理一样，是真正意义的变焦；数码变焦是根据拍摄需要，将一部分景物在相机内部用电子电路放大，不是真正意义上的变焦，放大后会使噪点增加。因此，光学变焦效果好，但是设备体积大；数码变焦效果差，但是体积小、方便。

航拍相机大多使用广角镜头，这样镜头的视角宽，画面能体现出高空广袤的气势，同时广角镜头景深范围大，更有利于对焦清晰。另外，由于要考虑云台的俯仰平衡，不适合使用过长的镜头。例如：大疆 Z15-5D Ⅲ（HD）云台出厂前已根据佳能 5D Mark Ⅲ 相机和佳能 EF 24 mm f/2.8 IS USM 镜头完成调试，只需要安装上指定相机和镜头，并把它安装到无人机上即可使用，不能自行调整云台或者改变其机械结构，如果要为相机增加其他外设（如滤镜、遮光罩），就需要重新调整云台的俯仰平衡。要使用相机原装电池，以避免云台性能下降或内部线路损坏。禅思 X5 云台相机一般使用 12 mm 或者 15 mm 镜头，24～30 mm 等效焦距；禅思 X7 可使用 DJI 专为 DL 卡口推出的 16 mm、24 mm、35 mm 和 50 mm 共 4 款定焦镜头。

### 2.1.3 图像传感器

图像传感器（charge coupled device，CCD；complementary metal oxide Semiconductor，CMOS）是利用光电器件的光电转换功能将感光面上的光像转换为与光像成相应比例关系的电信号。与光敏二极管、光敏三极管等"点"光源的光敏元件相比，图像传感器是将其受光面上的光像分成许多小单元，将其转换成可用的电信号的一种功能器件。

#### 2.1.3.1 像素及像素的由来

在计算机上将数码相机拍摄的照片放大到极点，可以看到影像是由一个个小方块组成的，这些小方块就是像素，是组成数字影像的最小单位。若是在显微镜下高倍放大相机的 CCD 芯片，就能发现上面有许多感光点，这就是像素点（见图 2.7）。照片上的像素来源于数码相机的像素点，或者说两者是相互对应的关系，即 1 个像素的相机获得 1 个像素的照片，1 000 万像素的相机获得 1 000 万像素的照片。

对于数码相机来说，像素的多少是非常重要的数据指标，直接决定了数字影像的质量好坏（清晰度、层次过渡、细节信息）。像素越多，则影像越细腻，清晰度越高。如有 500 万像素和 1 000 万像素两部相机（芯片规格型号相同），显然，后者要远远优于前者。通常用"万、

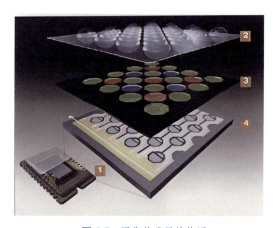

图 2.7 图像传感器结构图

百万"作为像素的计量单位，根据相机图像传感器矩形尺寸，像素总量=影像长边像素量 × 影像短边像素量。

#### 2.1.3.2 图像传感器的尺寸

虽然数码相机有各种品牌和样式，但在像素相同的前提下，哪款相机的图像传感器大，就意味着它比图像传感器小的相机可接受更多的信息和更丰富的细节。因此，图像传感器的面积越大越好，这个特点正好与传统胶片相机的情况相同。

图像传感器大小的单位是 in（1 in=2.54 cm），常见的有 1/2.5 in、1/2 in、1/1.8 in、1/1.7 in 等，其分母越大就意味着芯片的面积越小。有时也会用长 × 宽的具体数据（如 22.7 mm×15.1 mm）来表示图像传感器的实际大小。

数码相机的长宽比多为 3∶2，其尺寸标示方法有所不同，一般用图像传感器尺寸

类型标示。图像传感器主要分为全画幅（full frame，接近或等于135画幅，如佳能1Ds系列、5D Mark Ⅱ的36.0 mm×24.0 mm，尼康D3、D700的36.0 mm×23.9 mm，尼康D3x、索尼α900的35.9 mm×24 mm，佳能5D的35.8 mm×23.9 mm等）、APS-H尺寸（佳能1D系列的28.1 mm×18.7 mm，镜头焦距转换系数为1.3）、APS-C尺寸（如23.6 mm×15.8 mm、22.2 mm×14.8 mm、20.7 mm×13.8 mm等，镜头焦距转换系数分别为1.5、1.6和1.7）、奥林巴斯、松下数码单反相机所用的图像传感器尺寸为17.3 mm×13.0 mm，长宽比为4∶3，镜头焦距转换系数为2.0，如图2.8所示。从相机的结构上分类，有两种系统，分别称为4/3系统和微型4/3（M4/3）系统。

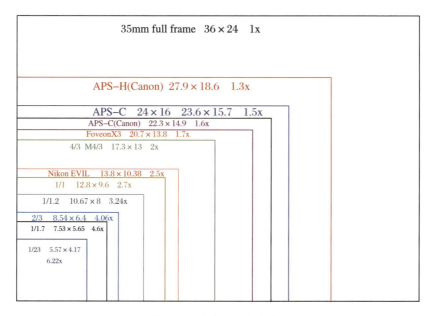

图2.8　图像传感器尺寸对比

大疆"悟"系列禅思X5S云台相机使用的就是4/3 in图像传感器；大疆"精灵"Phantom 4使用的是1/2.3 in图像传感器，而Phantom 4 pro使用的是1 in图像传感器。

### 2.1.3.3　分辨率与影像质量

分辨率是指影像载体对景物细微部的记录和表现能力，又称解像率、分析力。它是图像传感器在1 mm范围内最多可分辨线条的能力，用"线对/毫米"来表示。凡是记录被摄景物细微部分线对/毫米数越多的，即为分辨率越高，反之分辨率越低。

数码相机的分辨率与图像传感器的尺寸和像素有关，图像传感器尺寸大、像素高，影像的分辨率就高，反之则越低。

### 2.1.4 防抖装置

防抖或叫防震，是拍照中经常要面对的问题。在使用较慢速度的快门时，就很容易出现照片模糊的现象，如有人在使用 1/60 s 快门速度时就会因为手的抖动而模糊，大多数人在使用低于 1/30 s 快门速度时会出现影像模糊的问题。而无人机航拍时，无人机的运动和机械振动会直接传递给机载相机，造成严重的图像模糊。

数码相机设计安装了防抖装置，就是用来解决拍摄影像模糊的问题，帮助摄影者稳定相机、获取清晰的影像效果的。防抖装置根据原理的不同可分为以下四种。

（1）镜头防抖。镜头防抖属于光学防抖技术，镜头陀螺仪侦测到微小的移动（抖动）时，将信号传至微电脑计算处理需要补偿的位移量，然后指挥补偿镜片组根据镜头抖动量加以补偿，从而有效地克服相机振动造成的影像模糊。

（2）机身防抖。机身防抖原理是将相机的图像传感器电荷耦合器件（charge-coupled device，CCD）板固定在一个可以上下左右移动的支架上，工作时先由陀螺传感器检测相机是否抖动，然后经过微电脑处理，指挥移动 CCD 支架。利用 CCD 的移动量抵消抖动量，获得防抖减震的效果。

（3）电子防抖。电子防抖是一种"伪防抖"，因为它并没有实用装置来消除抖动的影响，而是通过提高感光度的方式间接提高快门速度到 1/30 s 以上的，避免慢速度带来的影像模糊现象。但是高感光度的使用会令画面的影像出现强烈噪点，质量严重恶化，低档傻瓜机多采用这种防抖类型。

（4）云台防抖。云台的防抖功能同样利用了陀螺仪工作，云台上安装有能满足相机三个自由度活动的摇臂，摇臂关节带有电机。当云台发生抖动时，会被陀螺仪检测到，随后陀螺仪利用程序控制相应的电机加强反方向的动力，从而对抖动进行插补，防止相机跟着云台倾斜，避免抖动。

无人机航拍时，无论机体怎么振动，云台都能滤掉绝大部分振动，维持镜头对地的相对位置不动。

## 2.2 航拍相机的设置

### 2.2.1 对焦

对焦也称为聚焦，实际上是解决拍摄对象成像清楚与否的工作。通过照相机对焦机构变动物距和相距的位置，使被拍物成像清晰的过程就是对焦。

对焦方式分手动对焦（manual focus，MF）和自动对焦（automatic focus，AF）两种。

#### 2.2.1.1 手动对焦

手动对焦是通过手工转动对焦环来调节相机镜头从而使图像清晰的一种对焦方式。数码相机时代的手动对焦一般用在自动对焦失误时使用。出现景物反差小、主体背景反差过大、环境亮度低、环境亮度过高、有高亮度光源干扰、需要透过透明屏障如玻璃拍摄、主体在对焦区域外等情况，都需要使用手动对焦。

对于航拍来说，由于镜头在无人机上，当然不可能手工转动对焦环，但仍然可以使用手动对焦模式。如果是第三方相机，例如佳能 5D Ⅱ 在拍摄较大场景时，可以在起飞前把对焦环上的对焦点调到 20 m～∞之间，利用较大的景深范围使拍摄的景物保持清晰；如果是拍摄较近的景物，可根据目测距离调整焦距进行拍摄。一体式云台相机像大疆 lnspire "悟" 系列、Phantom "精灵" 系列和 Mavic "御" 系列等，可以先在图传显示的工作界面把相机对焦模式设置成 "MF"，然后调节屏幕上的对焦滑动块至画面清晰为止。

#### 2.2.1.2 自动对焦

自动对焦是利用物体光反射的原理，反射的光被相机上的传感器接收，通过计算机处理，带动电动对焦装置进行对焦的方式。它多分为两类：一种是主动式，另一种是被动式。

（1）主动式自动对焦。相机主动发射一束红外线侦测光，并接收物体表面受到光照后的明暗状态，计算拍摄目标的距离，驱使微型马达对准焦点直到显示屏上影像清晰。此类型多用于中低档数码相机。

（2）被动式自动对焦。相机本身不主动发射侦测光，而直接采纳外界景物自身反射来的表面明暗状况，并根据相位差原理计算出拍摄目标的距离，再驱使微型马达对焦和调节取景屏上影像的清晰程度。这种类型多用在中高档相机上。

被动式对焦的优点：利用现场光调焦，工作范围广，拍摄距离远，耗电少。当现场光线暗弱时，如夜晚就很难正常工作。主动式对焦与之正好相反，可以主动发射红外光线来实现调焦工作，不受光线条件的限制，但拍摄目标距离太远时，相机也无法拍摄。目前大多数数码相机将两种对焦方式结合使用，正常光线下使用被动对焦方式，特殊光线下则启动主动对焦方式。自动对焦也有局限性，当拍摄目标本身缺乏明暗对比，反差微弱时，如云雾、暮色、单色平面等，便无法正常工作。这时，摄影者应关闭自动挡改为手动控制对焦。

另外，自动对焦区域和对焦模式是在使用相机时要重点考虑的。自动对焦区域分为中心点对焦和多点对焦区域（线型多点、十字多点、矩形多点等），有些机型的多点对焦区域已达 10 点以上。对焦区域多的好处是，增加了上下左右方位的对焦区域，便于主体处于不同位置时的构图的对焦，弥补了中心点对焦的不足。利用多点对焦区域在拍摄动态物体时，覆盖面大，对焦速度更快。

自动对焦模式是根据被摄对象的运动状态来设计的，主要分为以下几种：单次自动调焦，主要用于静态摄影；连续自动调焦，适用于动态摄影；伺服调焦（预测自动调焦），用于跟踪运动目标时焦点同步。

无人机航拍时一般与拍摄主体距离较远，且常处于运动状态，在自动聚焦模式下，相机会跟随拍摄主体运动或静止状态选择合适的自动对焦方式，让画面整体保持清晰。

### 2.2.2 光圈

光圈是位于相机镜头内部的一组可调整光孔大小的金属叶片组成的装置。光孔越大，到达数码相机图像传感器上的光线就越多；光孔越小，到达图像传感器上的光线就越少。光圈和快门配合完成摄影曝光。

光圈的大小常用 f 来表示。常见的光圈值有 f1、f1.4、f2.8、f4、f5.6、f8、f11、f16、f22、f32、f45、f64 等。

光圈的计算公式：光圈 = 镜头焦距 ÷ 光孔直径。根据公式可以看出，光孔直径越大，光圈就越小，表明光圈开得越大，进光量越多；光孔直径越小，光圈就越大，表明光圈开得越小，进光量就越少。而且上一级光圈的进光量是下一级光圈进光量的 2 倍，例如光圈从 f8 调整到 f5.6，进光量便为以前的 2 倍，也说光圈开大了一级。

航拍相机，如 DJI Phantom 4 和 Inspire 1（X3 相机）的光圈为 f2.8，焦点无穷远；Inspire 1 Pro（X5 相机），Inspire 1 RAW（X5R 相机）的光圈范围为 f1.7～f16，对焦范围为 20 mm 到无穷远。在快门速度（曝光速度）不变的情况下，光圈 f 数值越小光圈就越大，进光量越多，画面越亮。

此外，光圈越大，焦平面越窄，景深越浅；光圈 f 数值越大则光圈就越小，画面比较暗，焦平面越宽，景深越深。景深是指在相机镜头或其他成像器前沿能够取得清晰图像的成像所测定的被摄物体前后距离范围。对焦完成后，在焦点前后的范围内都能形成清晰的像，这一前一后的距离范围，叫作景深。景深深浅受到光圈、镜头焦距、拍摄物的距离及传感器尺寸的影响。航拍相机通常在近距离拍摄主体时才涉及使用浅景深。航拍风光及全景时，在光线充足情况下使用小光圈、深景深（如 f8、f16 等），能够获得大范围清晰的影像，如图 2.9 所示。

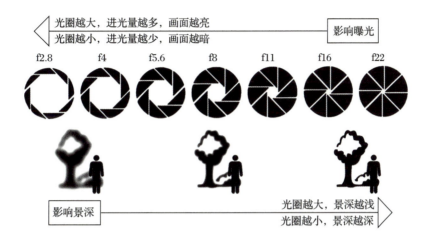

图 2.9　光圈大小对于景深大小的影响

### 2.2.3　快门

快门的速度是拍摄照片时控制曝光时间长短的参数。为了让大家更容易理解，也可以把快门说成是让相机保持当前设定光圈大小的控制时间。

快门速度也是使用相应的数字来表示的，比如 1/30 s、1/60 s 等，它们分别表示让当前设定的光圈孔径大小保持 1/30 s、1/60 s 的时间。1/30 s 是 1/60 s 的两倍时间，而此时它们通过单位光圈孔径的光量也是成两倍的关系，反过来，1/30 s 则是 1/15 s 的 1/2 时间，通过单位光圈孔径的光量则将会缩减一半。使用不同的快门参数来保持单位光圈孔径的时间长短，也同样可以控制拍摄时的进光量，即曝光度。

在实际拍摄中，可以通过对快门速度的调节来实现不同的效果，比如看起来流动的"车河"或凝固的水滴等，它们分别是使用慢速快门和高（快）速快门来实现的。

### 2.2.4　感光度

感光度是胶片对光线的化学反应速度。数码相机的感光度是一种类似于胶卷感光度的指标。在数字语境下的感光度基于照相机光敏元件对光线的反应有多快。ISO 200 的胶卷的感光速度是 ISO 100 的两倍，换句话说，在其他条件相同的情况下，ISO 200 胶卷所需要的曝光时间是 ISO 100 胶卷的一半。在数码相机内，通过调节等效感光度的大小，可以改变光源多少和图片亮度的数值。因此，感光度也成了间接控制图片亮度的数值。

感光度对摄影的影响表现在两方面：其一是速度，更高的感光度能获得更快的快门速度；其二是画质，越低的感光度能带来更细腻的成像质量，而高感光度的画质则是噪点比较大。噪点，主要是指 CCD 将光线作为接收信号接收并输出的过程中所产生的影像中的粗糙部分。

低 ISO 设置可以提供良好细节和层次过渡的全画面影像质量，如果有噪波的话，噪波很小。

ISO 400 左右的数值，在阴天、冬天，甚至室内拍摄条件下，可以取得噪波和感光度之间的平衡。航拍相机噪波的水平在这一设置下是可以接受的，而且影像的色彩和细节也维持在高水平上。

一般来说，相机在具有的最高 ISO 设置下（例如 ISO 3200），能够在非常弱的光线下，或者用极高的快门速度拍摄。但是，在这种 ISO 值上噪波很明显，照片的细节和颜色过渡都在下降，如图 2.10 所示。因此只在如果不使用就无法摄影的情况下才使用这些设置。

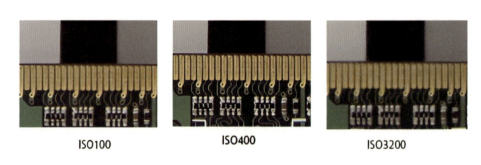

图 2.10　不同感光度噪波对比

DJI Phantom 4 相机拍摄图片时感光度范围为 ISO 100 ～ ISO 3200（自动），ISO 100 ～ ISO 12800（手动）；拍摄视频时为 ISO 100 ～ ISO 3200（自动），ISO 100 ～ ISO 6400（手动）。Inspire 1，X3 相机拍摄图片时感光度范围为 ISO 100 ～ ISO 1600，拍摄视频时为 ISO 100 ～ ISO 3200。Inspire1 Pro，X5 相机和 Inspire 1 RAW，X5R 相机，航拍图片时感光度范围为 ISO 100 ～ ISO 25600，拍摄视频时为 ISO 100 ～ ISO 6400。

### 2.2.5　曝光补偿和包围曝光

#### 2.2.5.1　曝光补偿

曝光补偿是另一种曝光控制方式，使用曝光补偿功能可将相机设置的自动曝光向上或向下调整几级，让照片更明亮或者更昏暗。值 0 表示相机建议的曝光，选择 + 值（例如 +1/3，+1）可增加曝光并使图像更亮，选择 - 值（例如 -1/3，-1）可减少曝光并让图像变暗。常见设置是在 ±0 ～ ±3 EV 之间。如果环境光源偏暗，即可增加曝光值（如调整为 +1 EV、+2 EV）以突显画面的清晰度。EV 值每增加 1.0，相当于摄入的光线量为原来的两倍；如果照片过亮，要减小 EV 值，EV 值每减小 1.0，相当于摄入的光线量为原来的一半，如图 2.11 所示。DJI 航拍相机的补偿间隔可以以 1/3( 0.3 )的单位来调节。

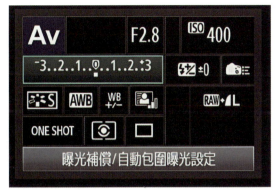

图 2.11　曝光补偿设定

在使用光圈优先模式拍摄时，将光圈值与感光度值设置为固定不变，分别拍摄 −1 EV、0 EV、+1 EV 曝光补偿的同一场景照片，曝光补偿增加，快门速度变慢，照片也随之变得更亮了。

在使用快门优先模式拍摄时，将快门速度与感光度值设置为固定不变，分别拍摄 −1 EV、0 EV、+1 EV 曝光补偿的同一场景照片，曝光补偿增加，光圈增大，照片也随之变亮了许多。

正确曝光的照片在画面最暗的阴影和最亮的高光处都有着丰富的细节，如图 2.12 所示。

图 2.12　正确曝光的照片

拍摄容易过曝的场景如物体亮部的区域较多或亮度反差大的场景时，如逆光、强光下的水面、雪景、日出日落等，通常建议使用 EV-（负补偿），以保留高光区域细节。但如果此时拍摄主体在阴影或暗部区域，使用 EV+（正补偿），以保留暗部区域的影像细节。同样，航拍曝光不足的场景，如暗部区域较多的密林、阴影中物体、黑色物体等，可使用 EV+（正补偿），保留暗部区域细节。

#### 2.2.5.2 包围曝光

包围曝光适用于拍摄复杂光源场景，或相机不易正确测光的场合，如大型庆典活动现场等，这些地方通常有复杂的舞美灯光设计。在 DJI GO App 航拍菜单设置中，选择 AEB 包围曝光拍摄三张等差曝光量的照片，曝光不足一级、正常曝光、曝光过度一级，三张照片分别完整保存了拍摄物体亮部、中间部分以及暗部的画面细节，从中挑选合适的那一张或某部分，再辅以后期制作，就得到了一张无论是其暗部还是其亮部都没有溢出的画面。

在无人机包围曝光拍摄过程中，切记不能移动无人机位置和摇动云台，避免连拍的影像无法完全吻合。

### 2.2.6 白平衡

白平衡，就是通过图像调整，使得在各种光线条件下拍摄出的照片，色彩与人眼所看到的景物色彩完全相同。简单地说，白平衡就是无论环境光线如何，为了保证色彩还原的准确性，仍然把"白"定义为"白"的一种功能。不过白平衡还有很多另类的用法，比如不同的白平衡值会使得照片产生偏色，而利用这一特性，可以使作品产生一些特殊效果，这往往比使用滤色镜之类的小附件更加自然，而且十分方便。

掌握了白平衡，拍摄出的照片才会有准确的色彩表现。为了适应不同的场景拍摄，一般白平衡有多种模式。DJI 航拍相机设置了自动、晴天、阴天、白炽灯、荧光灯、自定义（可调节色温）等多种模式。

### 2.2.7 动态范围、宽容度与 HDR（high dynamic range imaging，高动态范围图像）

动态范围是指感光材料所能同时记录的最暗到最亮的亮度级别的范围。而宽容度则是指在发生曝光失误时，最多可以容忍过曝或欠曝多少挡，仍能够从感光材料获得可以被接受（可用）的影像。

显然，相机的动态范围越大，允许出现的曝光偏差就越大，即宽容度就越大。另外，HDR 是通过连续拍摄几张曝光不同的图像，然后自动按照算法合成一张图像的处理技术。图像经 HDR 处理后，高光和暗位都能够获得比普通图像更佳的层次感（见图 2.13）。

图 2.13 HDR 前（1，2，3）后（4）照片对比

在胶片摄影年代，人们已经能够在暗房冲洗时，透过局部加光（Dodge）或减光（Burn），来增减照片光位与暗位的层次。虽然现在已很少有机会接触暗房，不过仍可在 Photoshop 中找到 Dodge 及 Burn 两个工具，模拟出暗房局部加光或减光的效果。利用 HDR 技术，可以突破宽容度的限制，将照片的层次细节提升到一个前所未有的水平，进一步扩展摄影创作的空间。

HDR 虽然能改善照片中过于明亮或昏暗的部分，获得更均衡的曝光效果，但并不适用于所有的场景拍摄。

1. 低对比场景

如果拍摄场景光照均匀，对比度低，则不适合使用 HDR。

2. 剪影

拍摄剪影时，我们追求的明暗对比强烈，而且剪影照片暗部通常没有细节。如果使用 HDR 拍摄，暗部变亮变清晰，反而失去了我们想要的效果。

3. 移动物体

从 HDR 的工作原理来看，HDR 也不适合拍摄动态题材。例如拍摄的对象是正在走动的人，每张照片中人的位置都不一样，最终的合成结果可能会模糊。

# 思考与练习题 2

1. 为什么无人机飞行时机体运动幅度较大,但是拍摄的画面却很稳定?
2. 如何理解光圈、快门、感光度之间的关系?

# 第3章
# 无人机航拍光线与色彩
CHAPTER THREE

**内容提示**

光是摄影的灵魂，没有光就没有影。无人机摄影也要研究光线的性质和造型特点。本章主要讲述光的基本性质与造型特点，使读者掌握光的种类与特性，合理地运用光线更好地完成航拍作品。

**教学要求**

（1）掌握光的基本知识；
（2）了解光的概念；
（3）了解光的性质与造型特点；
（4）了解自然光的特性与运用。

**内容框架**

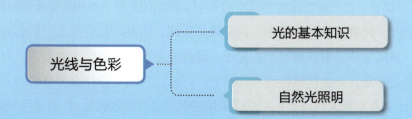

## 3.1 光的基本知识

### 3.1.1 光的概念

光的本质是电磁波，是整个电磁波谱中极小范围的一部分；光也是能量的一种形态。光电磁波辐射到人的眼睛，经视觉神经转换为光线，能被人肉眼看见的那部分。射线的波长在 360 nm ～ 830 nm 之间，仅仅是电磁辐射光谱非常小的一部分。不同波长的光呈现出不同的颜色，如波长在 380 nm ～ 430 nm 之间的光为深紫色，波长在 450 nm ～ 485 nm 之间的光为蓝色，波长在 485 nm ～ 495 nm 之间的光为青色，随着光波由短到长的变化，光色也发生相应的色彩变化。不同波长的光均匀混合后，就形成人们常见的白光。

根据光的自然属性，光源可分为自然光源和人工光源。自然光源如太阳光、星光、闪电、萤火虫光等；人工光源如电光源、火焰光等，例如白炽灯、卤钨灯、电子闪光灯、荧光灯等。根据发光时间的长短，光源可分为连续光源、瞬间光源与脉冲光源。日光、白炽灯、荧光灯等绝大多数电光源都是连续光源，瞬间光源主要是电子闪光灯，脉冲光源主要是频闪灯。

### 3.1.2 光的性质与造型

在拍摄作品过程中，光是最主要的造型手段，通过对光的选择、调度、控制，可以逼真地再现被摄物体的形状、质感、色彩和空间立体感，引导观众更好地理解作品内容。

光的表现形式是多种多样的，有硬、软之分，也有正、侧、逆的变化，还有高、低、平的区别，以及冷、暖的不同等。这些不同的形态中间，隐含着光的基本特性。

（1）硬调光。点光源发出的光线直接照射，例如闪光灯、灯泡、直接照射的阳光，都属于硬调光。此种光线方向清晰，视觉效果强烈，明亮的部分很亮，阴影处较黑，反差强烈，被摄主体会有轮廓鲜明的影子。硬调光会形成反差很大的影调，有助于产生质感，塑造形象，产生趣味性强烈的图形。同时，硬调光往往会使景物的颜色更加鲜艳夺目，比如在拍摄人物或花卉的时候采用硬调光会有强烈的反差，突出色彩的变化。

硬调光能够展现被摄物体清晰的轮廓形态，是表现被摄物立体感的有效光线，在建筑摄影中能够突显建筑物的空间立体结构。硬调光还能使粗糙的物体表面产生强烈的质感，用硬调光来拍摄浮雕、沙丘、墙面等能得到很好的质感。

（2）软调光。大面积扩散的光源发出的光通常被称为散射光，也就是软调光。这种光没有明确的方向，它是从四面八方把主体包围的，比如阴天的光线和穿过灯罩的灯光都属于软调光。软调光的反差较弱，没有特别明亮的区域，也没有特别暗的阴影，主体即使有影子也是淡淡的影子。在软调光下拍摄照片，不会给人强烈的视觉冲击感，但可以记录影像的所有细节，完美再现柔和的色调和比较丰富的色彩层次。软调光的反差弱的特性适合表现复杂细节和淡雅的景物，也可以获得柔和悦目的影调效果。

（3）光的方向。直射光具有明显的方向性，随着光源水平位置的变化，被摄体便得到顺光、侧光、逆光、顶光的不同照明效果。

1）顺光。当太阳位于摄影者背后时，光线正向从相机方向照射到被摄体上的光线称为顺光，也叫正面光。画面上所有的景物都一样亮，被摄体朝向镜头的一面受到均匀的光照，投影在它的背后，画面很少或几乎没有阴影，明暗差小。顺光使画面充满均匀的光亮。顺光能很好地再现物体的色彩，适宜拍摄明快、清雅的画面；但画面影调平淡，被摄体的立体感和空间感不强，如图3.1所示。

图3.1　顺光表现效果

2）前侧光。前侧光是指与拍摄轴线成45°左右位置照射的光线。前侧光照明下，被摄体有明显受光面、背光面和投影，对被摄体的立体感、轮廓形态和质感细节的表现都比较好。前侧光是一种主要的造型光，广泛地应用在各种题材的拍摄中，如图3.2所示。

3）正侧光。正侧光是指与拍摄轴线成90°左右位置照射的光线，拍摄对象一半亮一半暗，明暗对比强烈，拍摄人物时会产生"阴阳脸"的效果。正侧光照明下，拍摄对象表面的高低起伏很明显，立体感很强，但正侧光造成的左右亮暗区别，往往带来高反差和

图3.2　前侧光表现效果

浓重阴影，易产生粗糙和生硬感等弊端，如图 3.3 所示。

4）侧逆光。侧逆光是指从相机前方、拍摄对象背后一侧照射的光线。拍摄对象正面大部分都处于阴影中，色彩和层次细节都不好；局部轮廓光照明显，是拍摄剪影、半剪影作品的理想光线，对表现景物轮廓特征、区别物体与背景比较有利，画面的空间感很强，如图 3.4 所示。

5）逆光。逆光是指从相机正前方、被摄体正后方照射的光线。逆光照明下，被摄体只有边缘部分被照亮，形成轮廓光或剪影效果，这对表现景物的轮廓特征及把物体与物体、物体与背景区别开来都极为有效，如图 3.5 所示。

图 3.3　正侧光表现效果

图 3.4　侧逆光表现效果

图 3.5　逆光表现效果

（4）光的高度。光的高度是指光源距离地面垂直高度的变化，从底光、高光到顶光，都会直接影响影像造型的效果。

1）底光。底光是指从被摄体底部垂直向上投射的光，舞台上较多见。这种光大都用在静物广告摄影中，作无投影照明或表现底面背景光感的造型光，特殊而有趣，如图 3.6 所示。

2）低位光。低位光又称为"脚光"，在视平线以下约 40°向上照射，就像早晚的阳光。在风光摄影中，适合表现清晨和傍晚的美丽景象。低位光在广告和人像摄影中也比较常见。但低位光拍摄人像会产生反常的效果，若巧妙应用也可获得精彩的画面，如图 3.7 所示。

图 3.6 底光表现效果　　　　　　　　　　　图 3.7 低位光表现效果

3）中位光。中位光又称水平光，光源从被摄体中部高度的位置水平投射光线，照明均匀而充足，色彩再现好，中位光在人像摄影中常作为辅助光使用，如图 3.8 所示。

4）高位光。高位光是指高于视平线 45°左右照明的光线。在被摄体斜上方投射，光量大而强，被摄体轮廓分明且有纵深明暗变化。高位光与上午、下午阳光照射角度相似，符合人们日常视觉感受，是摄影中最常见、最主要的照明光位，如图 3.9 所示。

5）顶光。顶光是指从被摄体顶部上方向下投射的光。因此被摄体的顶部很亮，垂直面凹进部位较暗，物体的投影短小或几乎消失。摄影中大多将顶光作为辅助光描画轮廓边缘，在人物、风光、建筑等题材中有时用顶光作为拍摄主光，如图 3.10 所示。

图 3.8 中位光表现效果　　　　图 3.9 高位光表现效果　　　　图 3.10 顶光表现效果

## 3.2 自然光照明

自然光主要由太阳光和天空光所构成。从照明角度看,自然光可分为无云的直射阳光和多云的散射光,但无论怎样太阳都是主要光源,具有亮度高、照明均匀广大、照射时间长等特点。夜间的天空光实际上也是由太阳光折射、反射和漫射而来的。

### 3.2.1 直射太阳光的特点

没有被云雾遮挡的太阳光是典型的直射光,亮度高,光质硬。

典型的阳光天气,根据其光线变化可分为日出和日落、上午和下午时刻、中午时刻。

日出和日落时间段光照偏红,有冷暖对比。而上午和下午这段时间的光线在摄影中运用最为广泛,拍摄人物、建筑和风光都很适宜。此时拍摄的画面清晰明朗,反差适中,层次丰富,色彩真实,立体感和空间感都能得到较好的表现。中午时刻,光线强且垂直照射下来,物体顶部很亮,其他部位较暗,明暗反差大,投影很短。中午时刻的光运用得当又可成为一种特色,拍摄出富有表现力的画面。

### 3.2.2 散射光的形态和特点

散射光的照明特点是:照射面积大但亮度弱,光线均匀而没有明显的方向性,物体明暗反差小,质感和色彩感都不明显。画面、影像的色彩、立体感、清晰度都比较差,调子平淡柔和。

散射光依天气状况和具体环境的不同,其亮度、反差、色温也不同,主要有清晨、黄昏、多云天气、阴天、晴天阴影处等类型。它们虽然大体上相似,但在散射原因和形态上各有不同。

**1. 清晨和黄昏**

日出之前与日落之后主要是天空的散射光照明。这种光线朦胧柔和,色温变化快,拍摄出来的彩色照片有的偏冷调而清新淡雅,有的偏暖调而色彩厚重饱和。这段光线时间比较短暂,应抓住机会拍摄。

**2. 薄云天**

过薄云层柔化后,阳光由硬光变成软光,但也还有一定的方向性和较大亮度,有利于表现拍摄对象的立体感、质感和层次。云天的色温基本保持日光色温,拍摄彩色照片不会产生偏色,是拍摄人像、服装、花草及翻拍字画的理想光线。

**3. 阴雨天**

阳光透过厚厚的云层投射到地面,光照度降低,拍摄对象显得平淡,缺乏阴影和反差。拍摄照片晦暗不明朗，色彩偏蓝紫色，如果追柔和、忧郁的气氛，就可用阴天漫射光线。雨天的光照更弱，画面的色彩偏蓝色更多，尤其是能见度很低，因此不适宜拍摄场面较大的景物。

4. 晴天阴影下

晴天阴影下，如建筑物的阴影下、树阴下、帐篷和阳伞下，拍摄对象主要由天空光和环境反射光照明，有一定的方向性。光线效果和画面色彩大体上介于阴天和云天之间，经常出现斑驳的光影。

### 3.2.3 夜景光线

夜间是人们生活休闲中的重要时刻，但对摄影者来说是一个考验本领的特殊时段。先要认清夜景光线特点，夜景光线主要是现场人工光和天光，如城市街景、建筑、橱窗广告，还有山川河流、乡村农舍等，都需借助于灯光、火光和天空光的照明，被人感觉和辨认。在元旦、春节等重大节日，还会燃放烟花和点亮节日灯饰，构成特有的夜间景观。夜间光线具有两大特点：一是光源小而多，明暗悬殊，亮度随距离远近急剧衰减；二是灯光多类型带来的景物色彩多样，红橙色和蓝紫色相互交织。

夜间摄影，一是要注意现场固有光的利用和平衡，不要动不动就用闪光灯，破坏现场固有光效，即使启用闪光灯也要考虑和现场环境光的平衡关系；二是照片色彩表现要根据人和景物的区别来控制。拍摄景物时将相机的白平衡设置为 5 500 K 日光模式，这样灯光下物体偏橙红色调，月光下物体偏蓝色调，画面气氛反而真实。在拍人像时根据光源设置白平衡模式，这样人脸肤色就会显露正常色彩，而不会偏红或偏蓝。

自然光变化多端且不能随意使用（如日出日落稍纵即逝），给人们拍摄带来了很大的不便。摄影人又发明了用人工光源替代自然光源，既可控制光线的性质及其变化，又能稳定而持久地工作，获得完美的照明效果。

总之，无人机航拍要寻找合适的光影，避免高光比大动态。要观察合适的光照、合适的时间，如水面正好有反光时比较好，夕阳斜照时光影明暗恰到好处。

# 思考与练习题 3

1. 硬调光与软调光的特点有哪些？
2. 顺光和逆光的特点是什么？

# 第 4 章
## 无人机航拍摄影构图
CHAPTER FOUR

> **内容提示** ▶

航拍虽然是"上帝的视角",但作品的构图与平面的构图有异曲同工之妙。本章主要介绍了摄影构图的特点和画面构图的要素以及航拍的常用构图。

> **教学要求** ▶

(1)了解摄影构图的特点;
(2)掌握画面的构图要素;
(3)了解常用的航拍构图。

> **内容框架** ▶

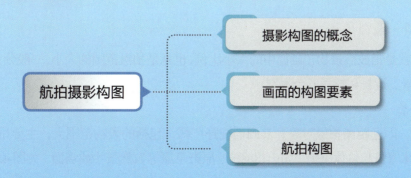

## 4.1　摄影构图的概念

构图的名称源于西方的美术,即绘画时根据题材和主题思想的要求,把要表现的形象适当地组织起来,构成一个协调的、完整的画面。在我国国画画论中,不叫构图,而叫布局。摄影构图是从美术的构图转化而来的,摄影构图的很多法则、方法都是借鉴绘画的构图法则。但是摄影和绘画还是有区别的。绘画是加法艺术,就是在一张白纸上,艺术家根据自己的想象力不断去添加完成自己的作品;摄影是减法艺术,摄影者用取景框在纷繁复杂的现实场景中去框取自己想要拍摄的对象,利用取景框不断地排除不需要的景物和干扰主体的景物来完成构图。

摄影构图就是为了表达主题或情感,而对现实环境中的视觉要素按照一定的法则进行组织和取舍,形成具有一定视觉秩序和视觉美感的画面过程。

## 4.2　画面的构图要素

每一幅摄影画面都是由具体的造型元素来体现的。不论是画面的长宽比例和大小尺寸,还是画面中各个人或物,或者说组成人物的线条、色彩和明暗,从外观形态到内部构成,都是由具体的元素来体现的,并从小到大地聚合为一个整体,说明一个事物或属性。观众也正是通过这些十分具体的元素先认识小的局部,进而逐渐深入和全面地理解照片的整体含义的。

因此,从构图中主要的、具体的构成要素入手,是学习和研究构图知识非常明确和高效的方式。

### 4.2.1　景别

景别就是指被摄景物在画面中的大小比例,也就是拍摄范围的大小,一般分为远景、全景、中景、近景和特写五个景别。

1. 远景

远景,即远距离拍摄对象,其画面视野广阔,包括的景物范围大,主要用来表现景物的整体气势和总体氛围。如山川河流、原野草原等自然景物或场面,如图4.1所示。

## 2. 全景

全景以表现拍摄对象的全貌和大环境面貌为目的，可以是高山，也可以是建筑、人物或植物，无论拍摄什么景物，只要是表现拍摄对象的整体感和它全身的行为动作及其与环境的关系都可以称为全景，如图4.2所示。

## 3. 中景

中景指包含拍摄对象或景物一半以上范围，如人的膝盖以上到头顶之间的范围。中景善于表现人物之间的交流，事件的矛盾冲突，大多用于表现情节和动作，对于环境的表现相对弱化，如图4.3所示。

## 4. 近景

通常情况下近景的范围很小，主要表现人物或物体的局部，如人胸部以上的影像。它能突出表现人物表情，并将有关细节和质感特征交代清楚，但环境表现所占的分量却很弱，如图4.4所示。

图4.1 远景

图4.2 全景

图4.3 中景

图 4.4 近景

图 4.5 特写

### 5. 特写

特写的拍摄范围比近景更小，通常只有拍摄对象的很小部分，如人的脸、眼睛或手。特写中景物比较单一，但表现力很强，可用来表现拍摄对象的重点细节，如图 4.5 所示。

景别主要由镜头焦距和拍摄距离所决定。镜头相同的条件下，景别大小由拍摄距离的远近来定；距离相同的条件下，景别大小由镜头焦距的长短来定。当然也可以将两种手段结合起来用。

景别的选择取决于摄影者的拍摄意图，若想反映大气势或大场面的画面，可选择远景和全景。全景、远景的长处是能完整地表现对象，从宏观表达空间环境。

若是想进一步表现某个主体，可采用中景。拍摄人物中景常常把取景的范围限定在腰、膝以上的部位；在风景照中对景别的判断比较复杂，若以城市大厦为主体，那么拍摄四五层楼也只可算为大厦的中景，而若以人为主体，那四五层楼的范围或许比表现人的全景范围还要大。

当需要突出表现景物的局部细节或生动情节时，可以拍摄近景或特写的画面。近景画面范围相对小，但能放大形象，因此要对进入画面的各种影像进行仔细推敲，精益求精。

### 4.2.2 方向和高度

任何一个物体都是立体的，有高度、宽度和深度，不同角度有不同的造型特点。

#### 1. 正面拍摄

正面拍摄是指相机正对并拍摄景物正

面。正面拍摄的优点是构图结构和谐对称，不足是拍摄画面容易呆板。

2. 侧面拍摄

侧面拍摄是指相机侧对并拍摄景物侧面。侧面形态具有轮廓分明、空间感明显和外形变化多样的特点，采用这种角度拍摄常常可以获得富有形态特征魅力的画面，许多摄影师常以此来捕捉少女的曲线美、体操运动员的形体动作等。

3. 背面拍摄

背面拍摄是指相机从景物背面拍摄。背面拍摄有时候会有令人意想不到的效果。比如表达神秘、深沉等。

4. 高角度拍摄

高角度拍摄就是从高处向低处俯拍，拍摄点高于拍摄对象。可以更好地表现景物的空间环境，用周围环境做铺陈，交代环境气氛，还能很好地增加前后景物之间的纵深感，并巧妙地躲开前景中的障碍物。俯拍角度越高，地平线就越接近画面上方，直至消失。

5. 平角度拍摄

平角度拍摄就是从正常高度平拍，即拍摄点与被摄对象在同一水平线上。这是最常用的拍摄高度，它与人眼视觉感相同，给人一种亲切、自然的感受，平角度拍摄对景物的正常表现非常有利，如人像证件照就是如此。由于被摄对象中的前后景物都处于同一水平线，对空间纵深感的表现是不利的。所以要注意的是，拍照时相机与被摄主体之间应避免被干扰物遮挡。

6. 低角度拍摄

低角度拍摄就是从低处向高处仰拍，即拍摄点低于被摄对象。拍摄高大的建筑或人物时，向上仰拍带来的透视变形会产生夸张的视觉现象，增加画面的张力，也有利于突出人物的性格，带来一种令人崇高、敬畏的视觉效果。与俯拍相反的是，地平线会随着仰拍角度的增大而更加接近画面下方直至消失，而且天空被作为干净的背景。

### 4.2.3 画面主次分配

1. 主体

主体是摄影画面中的主角，用来表达主题思想和揭示事物本质的形象。绝大多数情况下，主体既是表达内容的中心，又是摄影构图的结构中心、视觉中心和趣味中心，可以由它来决定摄影画面的长宽比例和空间的分配，决定摄影画面的色彩、影调、虚实等处理。

拍一张照片，画幅选择横画面好还是竖画面好，常常是初学者犯难的事儿，其实这就与人们对主体的选择安排直接相关。

一般来说，应根据主体的形态主线来选择画幅的横竖，如竖立高耸的主体对象适合选用竖画幅来表现，而横向宽广的主体对象则应该选用横画幅。另外可根据主体的运动趋势选择画幅的横竖，如上升下降的对象用竖画幅可以将主体和空间环境交代清楚，若是物体横向运动时则可多用横画幅。

2. 陪体

陪体是摄影画面中的配角，主要对主体起烘托、陪衬、美化和补充的作用，使主体的表现更为充分，它也是画面构成中不可缺少的组成部分。实际上，陪体范围很广，可大可小，除了主体以外的一切有价值的对象都可以叫陪体，也包括周围环境（前景和背景），但通常将环境另外作为一个部分进行讨论。

陪体常常并不直接地揭示主题，而通过交代事物、事件存在和发生的时间、空间来衬托主体形象，使主体形象成为摄影画面中绝对的主人。陪体还可以营造画面氛围和意境，摄影师常常是依靠对陪体的加工处理来强化画面形式美的。

3. 主体与陪体的处理

主体在构图中统帅全局，与陪体和环境组合共同完成画面。具体在画面中，主体的美化突出与陪体的呼应协调，是通过这样或那样的形式和方法来实现的，但是归纳起来看，可以分为直接突出和对比衬托两种方法。

（1）直接突出主体。这种做法就是给予被摄主体最突出的地位，如最大的面积、最佳的位置、最好的形状，使主体的形态和质感都得到最完美的表现，因而在画面中具有最强的视觉冲击力，能够得到观众的最大关注。

（2）中心和大面积主体。由于视觉汇聚的效应，凡是最中心的物体往往都是最引人注目的。在画面中心点安排主体，这时候内容上的趣味中心与构成上的结构中心合二为一，主体自然成为观看者的视觉中心，同时有超强的稳定性。

（3）动静对比。在同一个画面内，具备动态、动势的景物和稳定、平静的景物相处在一起，就必然产生动与静的对比。抓住了物体之间运动与静止的差异，就能更好地强调画面中的运动感，使主体在动或静的衬托下更加突出。

（4）影调对比。无论是彩色照片，还是黑白照片，它们的图像都是由不同明暗层次的影调组成的，明与暗之间可以形成影调的对比关系，对于突出主体对象具有明显的作用。如一片白色中的一点黑色就很突出，反之亦然。

### 4.2.4 环境

环境是指在画面中主体周围的各种景和物（包括人物）。它们既是表达作品内容的重要组成部分，又起着衬托主体的作用。一是说明主体所处的环境空间，二是抒情创意，加强作品的艺术感染力。

根据空间距离可将景物环境分成前、中、后三个层次，反映到摄影画面内即为前景、主体和后景三个不同的空间要素。

#### 1. 前景

前景是指处于画面主体与摄影者之间的一切景物，它处在画面影像最前方的位置。

前景可以增加画面的装饰美感和纵深感。主动选取有形式美结构的景物担任前景，既可以美化点缀画面，还能增强环境空间感。前景具有揭示作品主题和交代时间、地域特征的作用。

#### 2. 后景（背景）

后景是指处于主体位置后面的景物。后景用以说明主体周围的环境，营造画面纵深层次和情绪氛围。

好的背景应有内涵，可以加深开掘主题。运用摄影技巧来处理画面的空间透视、光影结构、地平线位置和总体布局等，以一定的形式感来烘托主体和营造意境，拍摄的画面显得敞亮而美丽，同时充满豪迈意境。

### 4.2.5　摄影构图的整体安排

在构图处理中，不仅要从实体的造型效果入手，研究可以调整和控制的构成元素，还要站在宏观、全局的高度分析，以便更好地抓住摄影的主要问题，建立富有特色的画面风格。

#### 1. 多样统一

摄影人常有两难的选择——想让景物在画面里成为有机统一的整体，但景物有序排列后往往又会死板和僵化。这就涉及多样统一的原则，即在保证构成元素集中统一的前提下实现画面的丰富多样。

多样是指有变化，复杂而丰富；统一是指有单一性，协调集中。多样统一就是说，在复杂的局面中要形成集中统一的协调，在单一的情况下要创造丰富多样的变化。多样统一可以说贯穿在摄影师的每次拍照、每幅照片中，包含了构图中实在的和虚无的因素，直接的和间接的对象，也潜藏于许多构图技法的运用之中。如对比的应用，大与小、明与暗、直与曲、虚与实等，都需要在强调对比的同时保证集中统一，否则就会导致不可控制的混乱结局。

#### 2. 均衡对比

自然生活中，人们常见到严格对称的物体，也习惯了物体的对称性。如房屋、家具、人体和飞机，让人感到稳定、安全。这些现象和心理感受反映到绘画、摄影中来，就是画面构成上应该遵从的重要原则——均衡。均衡是画面中被摄对象（主体与陪体）之间具有形式上或心理上的对等平衡关系，使画面在总体布局上具有明显的稳定性。这种稳定的均衡感，可以是天平式的对称布局，也可以是中国秤式的不对称布局，但只要在内容情节和视觉心理两个方面令观众觉得均衡适当就行。

（1）对称式均衡。这种均衡形态是一种最明显、最自然的对称，以画面中心十字线为轴，物体成像左右均等、上下相同，具有庄重大方、工整协调的优点，不足之处是画面容易呆板，不够活泼。对称式构图拍摄起来简单易行，只要找到拍摄对象的对称形态面就可以完成拍摄。不过在实拍中，对称式构图也并非两边完全一样，只要有七八成一样就足矣了。

（2）不对称式均衡。表面上不对称而实质上均衡的结果是不对称式均衡形态的特点，主要是根据事物的内容性质（如情节、动作、趋势），形态上的几何关系（如点与面、大与小），视觉分量的轻重差异等来构成的，在原理和效果上符合人们视觉心理的需要。这种均衡式样丰富而且使用频繁，因为它既能打破对称式构图的呆板，又能保持画面的视觉稳定，还增加了形式美感。

### 3. 基调

基调是指作品整体上以某个主要影调或色调为主导的构图安排。它可以是黑白灰的影调分布，也可以是红绿蓝的色调安排，共同构成画面主要的基本调子，以及这种基调所烘托的情感气氛。

基调不仅会产生强烈的艺术感染力，而且对提高作品构图的完整性、统一性有极大的好处。如高调常以明亮的白色为主，画面中只有少量影像是深色的，给人以纯洁、高雅的感觉；低调则常以昏暗的黑色影调为主，画面中只有少量影像呈亮色，让人感觉到深沉和压抑，此外还有冷调、暖调、硬调、柔调等基调，从色彩上体现出来的整体感。

从构图上看，统一和建立基调是一种非常有用的构图技法，它将客观现场的杂乱消化，使主体、陪体与环境从各自为政下统一起来，艺术地浑然一体，在一个新的基础上展现充满情调的内容。

基调从影调上分为中间调、低调（暗调子）、高调（亮调子），从色调上分为冷调、暖调和正常调子。也可以按画面的主要影调和色彩趋向来分，如绿调子、蓝调子或灰调子，其中黑白影调（中间调、低调、高调）是其他分类法的基础，因为它是视觉明暗关系的体现和代表。

拍摄中间调的画面中主要由中间影调或色调的景物影像所构成，具有结构分明、层次丰富、色彩正常等特点，给人真实客观、大方明快的感受。中间调是使用率最高的画面基调，也最适合表现各种正常的影像效果。拍摄中间调首先要选择明暗和色彩适中的、正常的景物，在用光上可以是中位的光线，曝光也要保证精准到位。能做到上述几点，就可以比较顺利地获得正常感受的中间调作品。

高调画面中主要是高亮和浅白色景物的影像，具有色彩浅淡、层次细腻和简洁明快的特点，其中有很少量的深色影像，总体给人以纯洁高雅的印象。高调照片应以白色和浅色景物为主要拍摄对象，如白色的瓷器、雪景等，用光以顺光为主，曝光时有意增加两挡以上。这样，获得的画面就会是明亮、浅淡的高调效果。

低调与高调刚好相反，低调画面中主要是黑色和深色景物的影像，具有色彩深暗、层次省略和深沉厚重的特点，其中有很少量的浅白色影像，给人以肃穆、神秘的感觉。低调的影像效果，给作品带来忧郁和清新的气氛。低调照片应以黑色和深色景物为主要对象，如黑色的煤炭，用光以侧光或逆光为主，曝光时有意地减少两到三挡，如此拍摄就可以获得深重、暗黑的低调画面。

## 4.3 航拍构图

### 4.3.1 航拍构图与平面摄影构图的关系

从本质上看，航拍构图和地面拍摄构图其实没有区别，只是完成操作的方式有些不一样。摄影是一种交流和表达，构图是它的表达方式，能够更好地表达想法，好的构图能够消除随机性，有计划地安排观看者的视线。构图技巧即是不同的表达方式，在航拍中，构图的本质不变，地面拍摄的构图技巧也是依然有效的。

### 4.3.2 影视航拍摄影构图的特点

影视航拍构图属于造型艺术，可以表现被摄物体的运动，也可以在运动中表现（改变 24 格 / 秒，或者机位运动），这是与其他艺术本质的区别。

1. 运动性

在影视构图中运动性主要存在如下形式：静态（通常是为了表达主观、唯美，发挥刻意、强调的作用），动态（通常表示随意、纪实或者下意识的，突出流畅和建立全新的视觉形式）。

2. 完整性

追求视觉风格的完整性，也就是一种构图风格贯穿全片，完整体现。这种完整不是面面俱到、毫无取舍，而是在完整的基础之上，可以有构图的局部完整（这是有别于美术构图的根本）。简单地说，是相对的完整，画面不要太满，不要刻意地堆砌，有时简单反而最好。

所有的构图都要有形式感，都要有调动各种元素充分组合和表达的可能。

3. 场景空间的限制性

在影视航拍构图中，一定要考虑场景。场景不仅承担叙事和表意的作用，它还限制构图创意发挥的物质基础。

所有的构图都是在场景中实现的，所有的场景都决定了构图的风格。

4. 多视点、多角度

在所有表现视觉的艺术中，只有影视构图具有多视点、多角度的特点，因此充分调度视点、角度是影视航拍构图的主要特点。多视点是构图的核心，相比戏剧单一视点而言，只能平面调度，影视构图具有多视点的特点。充分认识和利用这个特点，构图才会有新颖感。多角度是构图的关键，尽管相机面前所有的物质都是可以调度的，也就是说是可以刻意摆出来的，但是好的角度一定是"找"出来的，而不是摆出来的。想要得到好的角度，一定要有"寻找"的思维，这样才能在影视作品中创造视觉的新鲜感及形式感。

5. 画面比例的固定性

（1）4:3比例；

（2）16:9比例；

（3）16:10比例。

了解这三种比例，就是为了说明在创作中要充分了解播放的环境。更高的比例可以为构图留下更多创作的余地。

由于拍摄画面的固定性，所以一旦在现场确定了构图，在后期是不能够做出太大的修改的。在拍摄之前，就应该做到心中有数，把构图的设想考虑完整，不能等现场拍摄完毕，在后期再修改。

### 4.3.3　航拍常用构图技巧

1. 九宫格构图，黄金分割点

被摄主体或重要景物放在"九宫格"交叉点的位置上。"井"字的四个交叉点就是主体的最佳位置。一般认为，右上方的交叉点最为理想，其次为右下方的交叉点，但也不是一成不变的。这种构图格式较为符合人们的视觉习惯，使主体自然成为视觉中心，具有突出主体，并使画面趋向均衡的特点，航拍中大多素材拍摄时适用，如图4.6所示。

图 4.6 九宫格构图

2. 三分法构图，天地人和

将画面分割为三等分，如拍摄风景的时候选择 1/3 放置天空或者 1/3 放置地面都是风景摄影师常用的构图方法。1∶2 的画面比例可以有重点地突出需要强化的部分。天空比较漂亮的话可以保留大部分的天空元素，整体画面也显得更为融洽，航拍中较适合于自然景观层次分明的素材拍摄，如图 4.7 所示。

3. 二分法构图，平分秋色

二分法构图就是将画面分为相等的两部分，这在风景照的拍摄中经常使用。将画面分成相等的两部分，容易营造出宽广的气势。风景照中，一半天空一半地面，两部分的内容显得沉稳和谐。这样的照片四平八稳，容易出好片，但画面冲击力方面略欠，如图 4.8 所示。

4. 向心式构图，万向牵引

主体处于中心位置，而四周景物呈朝中心集中的构图形式，能将人的视线强烈引向主体中心，并起到聚集的作用。这种方式具有突出主体的鲜明特点，航拍中较适用于建筑拍摄，如图 4.9 所示。

图4.7 三分法构图

图4.8 二分法构图

图4.9 向心式构图

5. 对称式构图，平衡美感

将画面左右或上下分为比例为2:1的两部分，形成左右呼应或上下呼应，表现的空间比较宽阔。其中画面的一部分是主体,另一部分是陪体。航拍中适用于运动、风景、建筑等拍摄,如图 4.10 所示。

图 4.10　对称式构图

6. S 形构图,曲韵丰景

河流、人造的各种曲线建筑都是拍摄 S 形构图的良好素材,曲线与直线的区别在于画面更为柔和、圆润。不同景深之间通过 S 形元素去贯通,可以很好地营造空间感,给人想象的空间。带有曲线元素让画面变得更加丰富,免除了平淡和乏味。S 形构图在航拍中广泛应用,如图 4.11 所示。

7. 平行线构图,有条不紊

自然界或者人为设置都可以拍到平行线的画面,这类画面的特点在于规整与元素重复,可以让画面营造出特别的韵味。尤其是自然界的重复元素,可以更好地烘托主题,如图 4.12 所示。

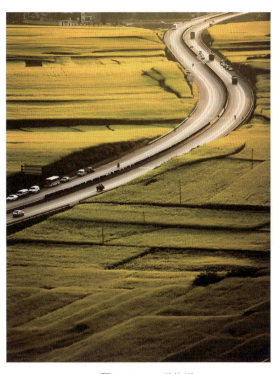

图 4.11　S 形构图

### 8. 星罗式构图，凌乱的韵律

星罗式构图指的是将重复元素随机排布在画面当中，因重复元素具有统一性，星罗式构图可以获得一种特殊的协调性，画面具有别样的韵律。随机性很容易引起观图者的好奇心，如图4.13所示。

图4.12 平行线构图

图4.13 星罗式构图

### 9. 消失点构图，意境悠长

透视规律即近大远小的透视规则，在远方可以看到平行线汇聚于一点，这个点被称作消失点。多选择这类画面进行构图不但可以让画面更具冲击力，而且平行线会引导观看照片的人将视线移至消失点，使得画面的空间感更强一些。若是拍摄创意人像，还可以将人物放置在消失点让观看者最终的焦点集中在人物身上。利用消失点构图可以获得视觉效果不错的风景，如图4.14所示。

10.V形构图，风景剪刀

V形构图的用意与S形构图相同，可以有效增加画面的空间感，同时让画面得到了更为有趣的分割。不同的是，曲线换成了直线，画面变得有棱有角。直线条更容易分割画面，让画面各个元素之间的关系变得微妙起来，如图4.15所示。

总之，无人机航拍要寻找适合的图案，采用九宫格构图、三分法构图、二分法构图、向心式构图、对称式构图、S形构图、平行线构图、星罗式构图、消失点构图、V形构图方法时，主体就放置在画面中间，拍出几何图案。同时，无人机航拍要寻找地面的线条，用对角线、放射线等构图。

图4.14 消失点构图

图4.15 V形构图

# 思考与练习题 4

1. 景别的种类有哪些？
2. 常用航拍构图有哪些方式？

# 第 5 章 无人机航拍遥控器和 DJI Fly 的使用

CHAPTER FIVE

### 内容提示 ▶

　　学会使用遥控器,才能操作飞行无人机。以大疆品牌为例,无人机的遥控器分为带屏和不带屏两种,本章分别以不带屏遥控器 DJI RC-N2 和带屏遥控器 DJI RC2 为例,说明遥控器的使用方法,并认识 DJI Fly App 的界面,学会参数设置,掌握姿态球的使用。

### 教学要求 ▶

（1）掌握无人机遥控器的使用方法;
（2）了解 DJI Fly 的界面布局;
（3）学会设置 DJI Fly 的参数;
（4）掌握 DJI Fly 姿态球的使用方法。

### 内容框架 ▶

## 5.1 遥控器的使用

目前无人机的遥控器分为带屏和不带屏两种，以大疆无人机为例，不带屏的遥控器需要连接手机，在手机中安装 DJI Fly App 后，即可使用飞行，如图 5.1 所示。带屏遥控器内置了屏幕和 DJI Fly App，因此可以直接使用，便利性更好，如图 5.2 所示。截至 2023 年，大疆目前主流的不带屏遥控器有 DJI RC-N1、DJI RC-N2，带屏遥控器有 DJI RC、DJI RC2、DJI RC Pro。

图 5.1　不带屏遥控器

图 5.2　带屏遥控器

下面分别以不带屏遥控器 DJI RC-N2 和带屏遥控器 DJI RC2 为例，说明遥控器使用方法。

### 5.1.1　大疆 DJI RC-N2 遥控器（见图 5.3）

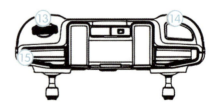

图 5.3　DJI RC-N2 遥控器

（1）电源按键：短按查看遥控器电量，短按一次，再长按 2 s 开启/关闭遥控器电源。

（2）飞行挡位切换开关：用于切换运动（Sport）、普通（Normal）与平稳（Cine）模式。

（3）急停/智能返航按键：短按使无人机紧急刹车并原地悬停（定位导航系统或视觉系统生效时）。长按启动智能返航，再短按一次取消智能返航。

（4）电量指示灯：用于指示当前电量。

（5）摇杆：可拆卸设计的摇杆，便于收纳。DJI FIy App 中可设置摇杆操控方式。

（6）自定义按键：默认单击使云台回中或朝下。可在 DJI Fly 相机界面→系统设置→操控→遥控器自定义按键页面设置为其他功能。

（7）拍照/录像切换按键：短按一次切换拍照或录像模式。

（8）遥控器转接线：分别连接移动设备接口与遥控器图传接口，实现图像及数据传输。可根据移动设备接口类型自行更换。

（9）移动设备支架：用于放置移动设备。

（10）天线：传输无人机控制和图像无线信号。

（11）充电/调参接口（USB Type-C）：用于遥控器充电或连接遥控器至电脑。

（12）摇杆收纳槽：用于放置摇杆。

（13）云台俯仰控制拨轮：用于调整云台俯仰角度。按住自定义按键并转动云台俯仰控制拨轮可控制相机变焦。

（14）拍照/录像按键：短按拍照或录像。

（15）移动设备凹槽：用于固定移动设备。

### 5.1.2　大疆 DJI RC 2 遥控器（见图 5.4）

（1）摇杆：控制无人机飞行，在 DJI Fly App 中可设置摇杆操控方式。摇杆采用可拆卸设计，便于收纳。

（2）天线：传输无人机控制和图传无线信号。

（3）状态指示灯：显示遥控器的系统状态。

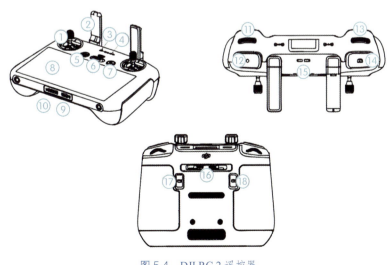

图 5.4　DJI RC 2 遥控器

（4）电量指示灯：显示当前遥控器电池电量。

（5）急停/智能返航按键：短按使无人机紧急刹车并原地悬停（定位导航系统或视觉系统生效时）。长按启动智能返航，再短按一次取消智能返航。

（6）飞行挡位切换开关：用于切换平稳（Cine）、普通（Normal）与运动（Sport）模式。

（7）电源按键：短按查看遥控器电量；短按一次，再长按 2 s 开启/关闭遥控器电源。当开启遥控器时，短按可切换息屏和亮屏状态。

（8）触摸显示屏：可点击屏幕进行操作。使用时请注意为屏幕防水（如下雨天时避免雨水落到屏幕），以免进水导致屏幕损坏。

（9）充电/调参接口（USB Type-C）：用于遥控器充电或连接遥控器至电脑。

（10）microSD 卡槽：可插入 microSD 卡。

（11）云台俯仰控制拨轮：拨动调节云台俯仰角度。

（12）录像按键：开始或停止录像。

（13）相机控制拨轮：默认控制相机平滑变焦。可在 DJI Fly 相机界面 → 系统设置 → 操控 → 遥控器自定义按键页面设置为其他功能。

（14）对焦/拍照按键：半按可进行自动对焦，全按可拍摄照片。在录像模式时，短按返回拍照模式。

（15）扬声器：输出声音。

（16）摇杆收纳槽：用于放置摇杆。

（17）自定义功能按键 C2：默认开启/关闭补光灯。可在 DJI Fly 相机界面 → 系统设置 → 操控 → 遥控器自定义按键页面设置为其他功能。

（18）自定义功能按键 C1：默认云台回中/朝下切换功能。可在 DJI Fly 相机界面 → 系统设置 → 操控 → 遥控器自定义按键页面设置为其他功能。

## 5.2 初识 DJI Fly

### 5.2.1 无人机配对

（1）连接无人机、遥控器和移动设备（带屏遥控器不需要连接移动设备，选择需要对频的机型即可）。

（2）在 DJI Fly 相机界面，点击右上角"…"图标后进入操控界面，如图 5.5 所示，点击"重新配对（对频）"，如图 5.6 所示。

图 5.5　进入操控界面按钮

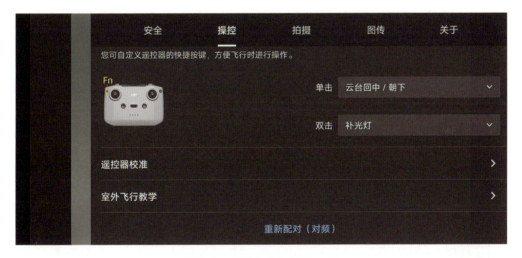

图 5.6　重新配对（对频）按钮

（3）长按无人机电源按键 4 s，成功进入对频后无人机将发出"嘀"的一声提示音，对频成功后将发出"嘀嘀"两声提示音，遥控器电量指示灯由闪烁变为常亮，即对频成功。

### 5.2.2　DJI Fly 界面认识

#### 5.2.2.1　DJI Fly 首页（见图 5.7）

（1）当前所在位置：点击可以查看或分享附近适合飞行或拍摄的地点，可以了解限飞区域相关信息。

（2）大疆学堂：有产品教程、玩法攻略、飞行安全指引、用户手册等信息。

（3）相册：存储无人机拍摄素材的地方，支持对素材进行编辑。

图 5.7　DJI Fly 首页

（4）创作：使用畅片剪辑航拍视频。

（5）天空之城：全球航拍爱好者和专业摄影师的作品社区，可上传自己的素材。

（6）我的：设置个人账号信息，App 设置，查看飞行记录，联系售后服务。

（7）连接引导：连接无人机的操作指引。

#### 5.2.2.2　DJI Fly 飞行界面介绍（见图 5.8）

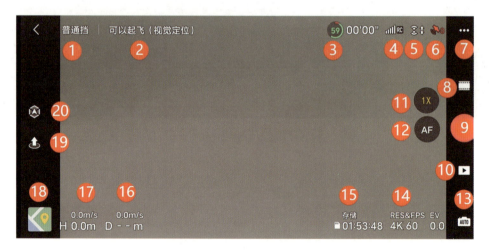

图 5.8　DJI Fly 飞行界面

（1）显示当前飞行挡位。

（2）显示无人机的飞行状态以及各种警示信息。异常状态时，点击可查看详细信息。

（3）显示当前智能飞行电池电量百分比及剩余可飞行时间。

(4)显示当前无人机与遥控器之间的图传信号强度。

(5)视觉系统状态,图标为白色表示视觉系统工作正常,为红色表示工作异常,此时无法躲避障碍物。

(6)用于显示 GNSS 信号强弱。点击可查看具体 GNSS 信号强度。当图标显示为白色时,表示 GNSS 信号良好,可刷新返航点。

(7)系统设置入口,包括安全、操控、拍摄、图传和关于页面。

(8)拍照模式设置,可进入大师镜头、一键短片功能等功能的入口。

(9)拍照按键,点击可触发拍照/录像。

(10)回放,可查看拍摄的素材。

(11)变焦,可控制变焦的倍数。

(12)点击切换对焦方式,也可长按展开对焦刻度条。

(13)无人机相机挡位切换,拍照模式下,支持切换手动挡或自动挡。不同挡位下可设置参数不同。

(14)拍摄参数,显示当前拍摄参数。点击可进入设置。

(15)MicroSD 卡信息栏,显示当前 MicroSD 卡剩余可拍照数量或可录像时长。点击可查看 MicroSD 卡可用容量。

(16)D 显示无人机与返航点水平方向的距离,0.0 m/s:无人机在水平方向的飞行速度。

(17)H 显示无人机与返航点垂直方向的距离,0.0 m/s:无人机在水平方向的飞行速度。

(18)地图,点击可切换至姿态球,显示无人机机头朝向、倾斜角度、遥控器、返航点位置等信息。

(19)自动起飞按键,点击后长按可触发自动起飞。

(20)安全辅助飞行,开启避障。

## 5.3　DJI Fly 参数设置

### 5.3.1　飞行安全

#### 5.3.1.1　辅助飞行

(1)避障行为。开启后,手动打杆飞行时,飞机遇到障碍物可以选择的避障行为,如图 5.9 所示。

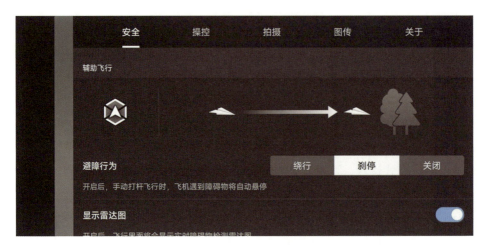

图 5.9　DJI Fly 辅助飞行

1）绕行。可以自动绕开障碍物，继续向原有运动方向飞行。

2）刹停。是保持在安全距离紧急刹住飞机，保障飞机安全。

3）关闭。选择关闭后，飞机的避障系统将失效，遇到障碍物不会躲避，通常情况下不建议关闭避障系统。

（2）显示雷达图。开启后，飞行界面将会显示实时障碍物检测雷达图，根据障碍物所在的方位不同，距离障碍物小于 6 m 时，该方位出现红色提示条，如图 5.10 所示，关闭雷达图，将不会显示提示条。

图 5.10　DJI Fly 显示雷达图效果（图中所示为四个方向）

#### 5.3.1.2　返航

（1）返航高度。设置返航高度，如图 5.11 所示，飞机将上升至此高度，然后再水平飞行至返航点上空，垂直降落后，返航成功。设置返航高度时，建议将此数值设置为高于返航时的障碍物高度，以免飞机因丢失信号返航时撞到障碍物发生危险。目前，大疆部分机型支持最佳路线返航，在返航时可以智能规划路线，但建议在光线充足条件下使用智能返航。

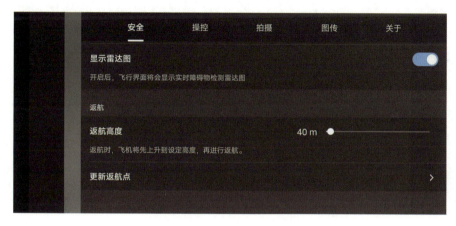

图 5.11　DJI Fly 返航参数

（2）更新返航点。飞机起飞时会自动记录起飞点为返航点，在操控飞行时，如果离开起飞点，需要及时更新返航点，此时无人机会返航至最新的返航点。

5.3.1.3　虚拟护栏

（1）最大高度。最大高度不能超过 500 m，建议将此高度设置在 120 m 以下，设置此参数后，飞机飞行高度将被限制在此参数范围内。

（2）最远距离。飞机飞行的最远距离，到达最远距离限制时，将会出现飞行提示。DJI Fly 虚拟护栏如图 5.12 所示。

图 5.12　DJI Fly 虚拟护栏

#### 5.3.1.4 传感器状态

传感器状态包含指南针和 IMU 两项，如图 5.13 所示。当传感器状态出现异常时，可按照提示进行校准操作。

图 5.13　DJI Fly 传感器状态

#### 5.3.1.5 电池

（1）电池信息。如图 5.13 所示，点开 ">" 图标后，会显示电池状态信息，包含电压、温度、序列号、循环次数等信息。如图 5.14 所示，其中循环次数作为衡量一块电池性能的重要指标，循环次数越多，一定程度反映出飞行次数多，但是正常充放电也会增加循环次数。

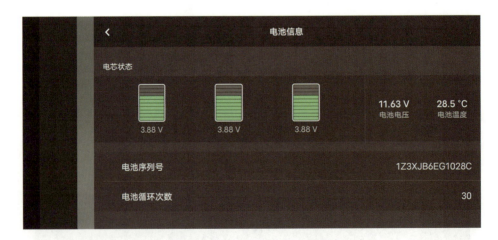

图 5.14　DJI Fly 电池状态信息

（2）补光灯。如图 5.15 所示，状态默认为自动，飞机会根据环境光线的强弱，自动打开或关闭补光灯，辅助飞机起飞、飞行和降落。

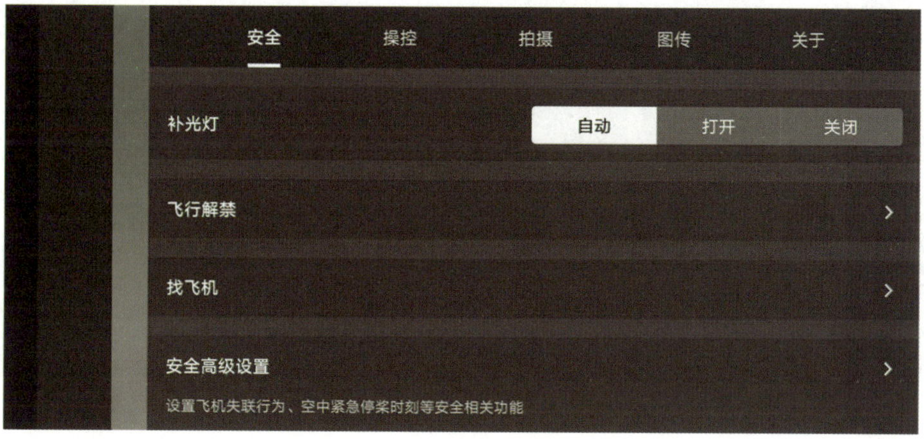

图 5.15　DJI Fly 补光灯

（3）飞机解禁。在飞机解禁后，会显示解禁证书。

（4）找飞机。飞机丢失后，可以通过找飞机功能寻找，如果确认飞机在附近，可以启动闪灯鸣叫。如图 5.16 所示，飞机的灯光会持续闪烁并发出鸣叫，帮助人们快速寻找飞机所在位置。

图 5.16　DJI Fly 找飞机

（5）安全高级设置。如图 5.15 所示，点击"＞"图标进入后，会显示安全高级设置，如图 5.17 所示。在飞机失联后，建议保持默认返航；"仅故障时"允许空中紧急停桨。Airsense，开启此功能后，如果无人机所在附近空域存在载人飞机飞行，应用程序将向用户发出通知，如图 5.18 所示，建议默认开启。

图 5.17　DJI Fly 安全高级设置

图 5.18　DJI Fly Airsense

### 5.3.2　操控

#### 5.3.2.1　飞机

(1) 单位。默认公制(m)。

(2) 目标扫描。默认是关闭状态，如图 5.19 所示，开启后，飞机将自动扫描目标，识别人或车辆，用于辅助智能拍摄。

(3) 操控手感设置。点击"＞"图标后，如图 5.20 所示，可设置飞机平稳挡、普通挡、运动挡，每个挡位可控制飞机的最大转向速度、转向平滑度、Expo 等参数；也可以设置云台的最大俯仰速度和俯仰平滑度，如图 5.21 所示。这些参数根据个人操控习惯设置，新手建议保持默认即可。

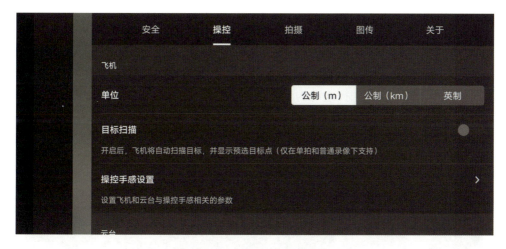

图 5.19　DJI Fly 飞机参数

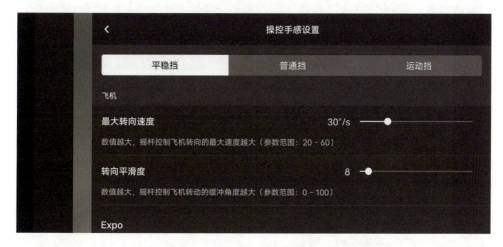

图 5.20　DJI Fly 飞机操控手感设置

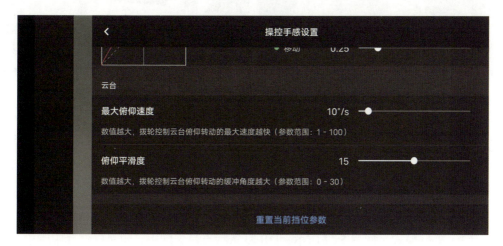

图 5.21　DJI Fly 云台操控手感设置

#### 5.3.2.2 云台

（1）云台模式。默认情况下开启跟随模式，如图 5.22 所示，此时云台在跟随飞机运动时，始终保持水平，拍摄画面即是水平的，如果选择 FPV 模式，此时云台会跟随飞机运动而倾斜，适合拍摄运动的画面。

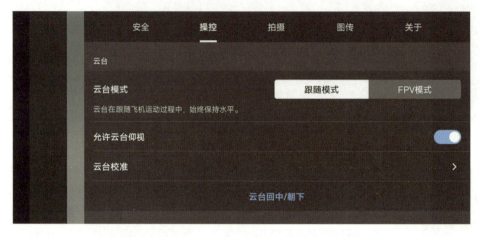

图 5.22　DJI Fly 云台设置

（2）允许云台仰视。如勾选此项，云台镜头可以向上仰角 24°，图 5.23 所示是未开启俯仰效果，图 5.24 所示是开启俯仰低角度飞行效果。

图 5.23　DJI Fly 未开启俯仰　　　　　图 5.24　DJI Fly 开启俯仰

（3）云台校准。如图 5.22 所示，点击右侧 ">" 按钮，打开云台校准。如图 5.25 所示，有两种校准模式，将飞机放置在水平地面上，大部分选择自动校准，飞机会自动完成云台校准。当发现镜头拍摄画面倾斜时，如图 5.26 所示，应当进行云台校准。

#### 5.3.2.3 遥控器

（1）摇杆模式。如图 5.27 所示，DJI 默认状态是美国手，也可以选择中国手、日本手，或者自定义，如图 5.28 和图 5.29 所示。

第5章
无人机航拍遥控器和DJI Fly的使用

图 5.25　DJI Fly 云台校准

图 5.26　拍摄画面角度倾斜时需云台校准

图 5.27　遥控器操控设置

77

图 5.28 遥控器摇杆中国手模式

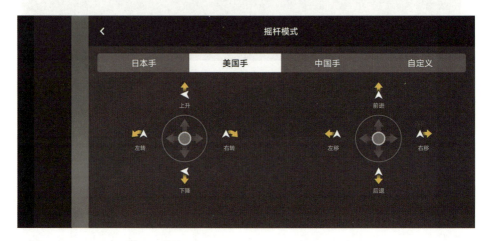

图 5.29 遥控器摇杆美国手模式

（2）遥控器自定义按键。此按键指的是遥控器上的 Fn 键，如图 5.30 所示，默认情况下单击一次，云台执行"回中/朝下"操作，双击是打开"补光灯"操作。DJI RC2 遥控器，有 C1、C2、5D 自定义按键，参数保持默认设置即可。

图 5.30 遥控器自定义按键

（3）遥控器校准。当提示遥控器需要校准时，先关闭飞机电源，然后根据提示，对遥控器进行校准操作即可。

（4）室外飞行教学。初学无人机，建议学习室外飞行教学内容，点开后有相关的飞行提示，按照提示进行操作练习，如图 5.31 所示。

图 5.31　室外飞行教学

### 5.3.3　拍摄

#### 5.3.3.1　视频

（1）视频格式有 MP4 和 MOV 两种，如图 5.32 所示。最常用的是 MP4 格式，有一定的后期制作能力可以选择 MOV 格式，MOV 格式的后期处理空间更大。

（2）色彩模式有普通模式、D-log M 模式和 HLG 模式三种，如图 5.32 所示。三种色彩模式的主要区别在色彩宽容度上。普通模式色彩宽容度最低，但是无须调色，建议新手选择默认"普通"色彩模式拍摄。HLG 模式宽容度稍微高一些，能保留更多的暗部细节和层次感，直出色彩会比普通模式更好看。D-log M 模式更适合有一定调色基础的用户使用，这个模式能保留更多的高光和阴影细节，后期调色空间更大。当把色彩模式设置为 D-log M 时，会发现拍摄的画面整体偏灰，饱和度低，这是正常现象，后期可以使用大疆提供的官方还原 LUT，进行色彩还原。

（3）编码格式有 H.264 和 H.265 两种。H.264 的兼容性更好，但是视频文件比较大；H.265 的兼容性略差，但压缩率更好，同样时长的航拍视频，H.265 编码格式文件更小一些，如果设备支持，建议选择 H.265 编码格式。

（4）视频字幕。如果开启此选项，在录制视频时会同时生成一个记录飞行状态信息的字幕文件，关闭后，则不会生成此文件。

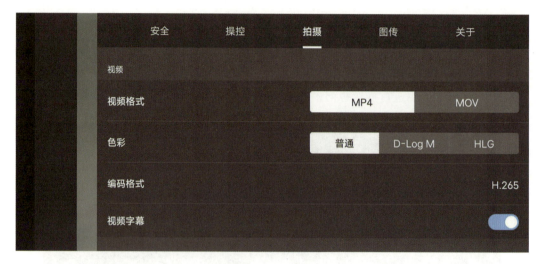

图 5.32　视频参数

#### 5.3.3.2　通用

（1）抗闪烁，有关闭、自动、50 Hz、60 Hz 四个选项，如图 5.33 所示，通常情况下选择自动即可。闪烁与交流电的频率有关，国内交流电的频率是 50 Hz，国外交流电频率是 60 Hz，如果在航拍时发现画面出现闪烁，可以尝试将自动调整为 50 Hz 或者 60 Hz。

（2）直方图，如图 5.33 所示，默认为关闭状态。当开启直方图时，飞行界面会显示直方图，如图 5.34 所示，用于判断当前拍摄画面的亮部和暗部信息，是否存在过曝或欠曝的情况。

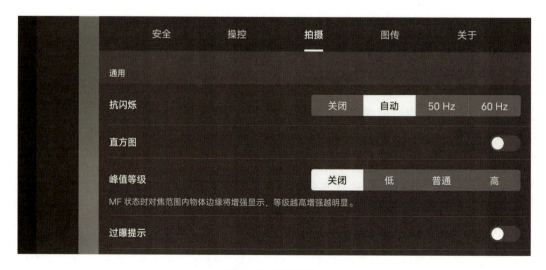

图 5.33　通用参数

图 5.34　显示直方图

（3）峰值等级，如图 5.33 所示，用于辅助拍摄对焦。如果感觉画面无法判断是否对焦，可以设置适合的强度，低、普通或者高，在开启峰值等级后，对焦物体边缘会显示红色的线条，如图 5.35 所示。

图 5.35　峰值对焦

（4）过曝提示。在开启此选项后，如图 5.36 所示，拍摄画面如果出现过曝，过曝区域会出现斑马纹，效果如图 5.37 所示。

图 5.36 开启过曝提示

图 5.37 过曝提示斑马纹

（5）辅助线，有对角线、九宫格、中心点三种模式。在开启辅助线后，飞行界面会显示相应的辅助线类型，用于拍摄时参考构图，如图 5.38 所示。

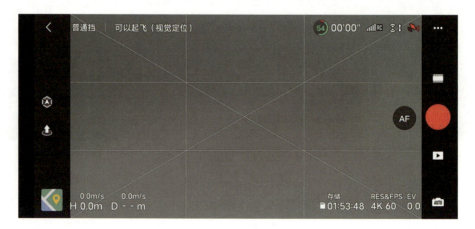

图 5.38 开启辅助线显示后的飞行界面

（6）遮幅辅助。通常航拍为横向 16∶9 的画面比例，如果制作的视频是 2.35∶1，通过开启遮幅辅助，有助于在前期拍摄时做好构图，如图 5.39 所示。使用遮幅辅助并不影响成片的画面比例。

图 5.39　开启遮幅辅助后的飞行界面

（7）白平衡，默认状况下选择默认自动即可，如图 5.36 所示。

#### 5.3.3.3　存储空间

大疆大部分无人机机身自带存储空间，以 AIR 系列无人为例，机身自带 8 GB 存储空间，但是如果长时间拍摄，需要插入存储卡用来解决存储空间不足的问题，选择存储卡时建议使用 V30 以上存储卡。插入存储卡后，将存储位置选择为 SD 卡，如图 5.40 所示。

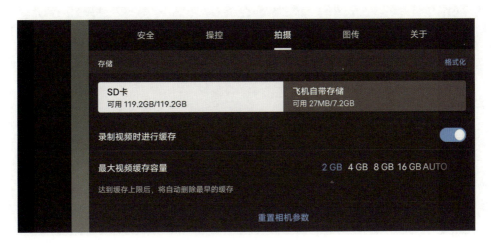

图 5.40　存储参数

录制视频时进行缓存：默认是开启状态。开启后，拍摄时遥控器端（手机）会存储一份低清晰度的视频，用于快速预览拍摄效果。

最大视频缓存容量：可根据用户的设备情况选择合适的缓存容量。

重置相机参数：能快速地将拍摄相机的参数恢复至出厂默认值。

格式化：如图5.40所示右上角蓝色文字，可以快速格式化SD卡和飞机自带存储。

### 5.3.4 图传

选择直播平台，如图5.41所示，点击右侧">"图标，可以进行直播平台设置，如图5.42所示。

图 5.41　图传参数

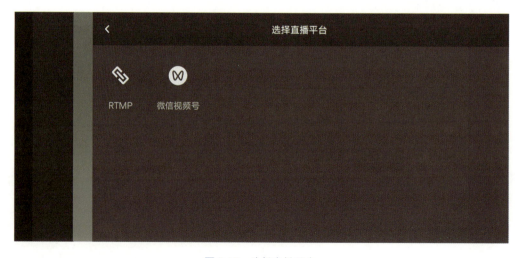

图 5.42　选择直播平台

点击"RTMP"直播,将直播平台获取到的推流地址和推流码填入"RTMP 地址"中。

例如:推流地址:rtmp://10.xx.30;

推流码:livxxxme。

填入 RTMP 时输入:rtmp://10.xx.30/livxxxme,中间不要加空格,如图 5.43 所示。界面会出现图中箭头所示"红色图标",如图 5.44 所示,说明直播开始。

图 5.43 输入直播信息

图 5.44 直播开始

微信视频号直播步骤如下。

开启微信,开启视频号直播授权;选择微信号直播,如图 5.45 所示。

图 5.45　选择视频微信号直播

在微信号授权完成后，页面会提示已授权，设置直播参数，点击"OK"键，如图 5.46 所示。

根据需求设置直播信息，设置完成后点击"开始直播"，如图 5.47 所示。

图 5.46　授权完成

图 5.47　设置直播信息

开始直播后飞行界面如图 5.48 所示。

图 5.48　微信视频号直播时的画面

图传清晰度有高清模式和流畅模式两种，默认情况下选择高清模式，如图 5.49 所示。

图 5.49　图传清晰度

图传频段和信道模式，一般会保持默认的自动双频。如果经常在城市建筑物多的环境中飞行，手动模式 5.8 GHz 比 2.4 GHz 信号更好；如果是在户外郊区、草原等开阔的环境中飞行，手动模式 2.4 GHz 比 5.8 GHz 信号更好。

### 5.3.5　关于

关于设置里，主要是设备名称、设备型号、App 版本、飞机固件、遥控器固件等信息，如图 5.50 所示。

图 5.50 关于设置

在每次飞行前一天,建议检查是否有新版本固件,如图 5.51 所示,如果有更新,及时更新固件,如图 5.52 所示,更新过程如图 5.53 所示。

图 5.51 检查是否有新版本固件

图 5.52 更新固件

图 5.53　更新固件过程

更新固件成功后，App 首页会提示更新固件成功，如图 5.54 所示。

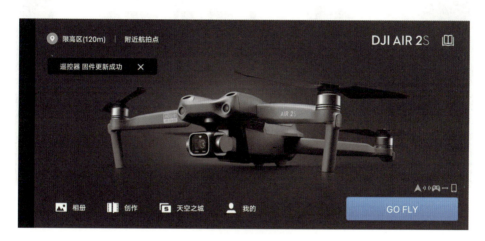

图 5.54　更新固件成功

## 5.4　DJI Fly 姿态球

姿态球是 DJI Fly 的一个工具。姿态球是通过遥控器（移动设备）指南针与无人机指南针进行数据计算得出的朝向信息。学会看懂姿态球能准确判断飞机所在位置、飞行方向和飞行姿态等信息。

打开姿态球，姿态球位于飞行界面的左下角，点击左下角地图中的箭头图标，可以切换姿态球模式，如图 5.55 所示。

姿态球中包含的信息有无人机位置、无人机机头朝向、相机云台朝向、遥控器位置、遥控器朝向、返航点位置、无人机飞行姿态、正北朝向等，如图 5.56 所示。

图 5.55 切换姿态球模式

图 5.56 姿态球显示信息

# 思考与练习题 5

1. 如何正确设置返航高度?
2. 无人机镜头拍摄画面不水平应该怎么办?
3. 当无人机飞行到视距外时,如何判断无人机位置以及无人机朝向?

# 第6章
# 无人机拍摄准备
## CHAPTER SIX

### 内容提示

起飞和降落无人机是进行航拍必须掌握的技能。每一次航拍，应该提前一天做好准备工作，更新固件，检查设备，了解拍摄地环境信息、天气情况等。在无人机航拍起飞之前，不仅要检查螺旋桨、电池电量，拆下云台保护罩，确认是否需要安装ND滤镜，同时要在起飞之前进行场地考察，如场地的障碍物、来往行人等。要寻找平整地面用于起飞和降落，以确保飞行安全。

### 教学要求

（1）了解外出拍摄前需要做好哪些准备工作；
（2）了解无人机起飞前应该做好哪些准备；
（3）学会无人机的起飞和降落。

### 内容框架

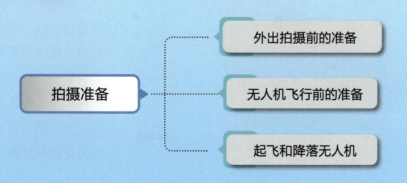

## 6.1 外出拍摄前的准备

### 6.1.1 更新无人机的固件

无人机是系统设备,厂商会对无人机系统进行不定期更新,以修复发现的漏洞和增加新功能,提升安全性和优化使用体验。因为大多数情况下,升级的过程需要几分钟至十几分钟不等,所以在升级过程中要确保电量充足,以免升级中断,影响正常飞行。建议每次外出拍摄前一天检查是否需要升级,升级完成后将电池充满电,再外出拍摄。这样可以避免现场升级固件,耗费时间,错失最佳拍摄时机。

### 6.1.2 检查设备

外出拍摄前,应检查无人机机身是否完好,遥控器是否正常。如果使用手机监看的遥控器(例如 DJI RC-N2),检查是否携带遥控器线材、摇杆、无人机存储卡。另外,需要检查 ND 滤镜、备用桨叶、备用摇杆、备用存储卡、电源、充电管家、电源线。如果长时间户外拍摄,建议多带几块电池,或者准备移动电源,MINI 系列无人机可以使用充电宝通过充电管家为无人机电池充电。

### 6.1.3 了解拍摄地环境信息

提前一天了解拍摄环境,查询拍摄位置是否处于禁飞区。如图 6.1 所示,有两个机场禁飞区,是禁止无人机飞行的。另外需提前确认拍摄地是否在铁路和高速公路沿线,周围是否有政府大楼或者军事设施,是否处于广场、公园、商业区、学校等人员密集场所,务必确保安全飞行。如果是拍摄草原、森林、

图 6.1 禁飞区

湖泊、山峰等场景，无平整地面起飞，建议携带无人机停机坪，如图6.2所示。

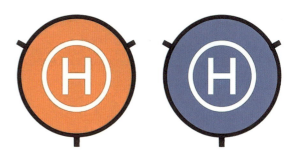

图6.2　无人机停机坪

### 6.1.4　了解拍摄地天气情况

提前一天查询拍摄地天气情况。如遇降雨、大风等强对流天气，建议取消飞行计划；如是晴朗天气，天空有云朵，则是拍摄风景的绝好时机，也适合拍摄延时视频。

### 6.1.5　夜拍前提前勘察环境

如果拍摄时间点是夜间，那么白天时务必去勘察拍摄环境，实地了解环境安全，尤其是检查周围有无高的建筑物、信号塔、树木，有无电线。因为夜间的光线弱，视线受阻，同时无人机的避障系统效果会大打折扣，所以白天现场查看拍摄环境能帮助航拍摄影师更好地了解环境信息，提前规划好航拍路线，最大限度确保飞行安全。

### 6.1.6　检查设备电量

提前一天检查无人机电池电量。每次飞行拍摄前一天，一定要检查无人机、遥控器、手机的电量是否充满，避免到达拍摄地后发现电量不足，影响拍摄效率。通常情况下，一块电池的拍摄时间大概在 30～45 min，但需要预留 20% 左右电量寻找拍摄点位，还需要预留 20%～30% 电量返航。如果是远距离拍摄、返航逆风，则需要预留更多的电量用于返航。因此，一块电池真正用来拍摄的电量并不多。无人机的电量显得十分珍贵，务必提前一天充满电。同时需要考虑到无人机电池保护机制，例如大疆无人机电池在充满电后有一周时间未飞行拍摄，无人机电池会自动放电至 60%～70% 状态，以此来保护电池性能，延长电池的使用寿命。在拍摄前一天，如果是第 6 天，那就要考虑到次日拍摄前，电池会不会自动放电至 60%～70%，需要提前充电。

### 6.1.7　检查存储卡

提前一天检查存储卡是否有足够的空间。建议每次拍摄完，及时将拍摄素材导出。因为无人机飞行有不可控的危险因素，容易造成炸机，所以为了避免因炸机丢失素材，通常在外出拍摄活动间隙，需要及时将素材导入到随身携带的存储设备中，或者多准备几张存储卡，将机身拍摄的素材导出后再起飞拍摄下一组镜头，这样能最大限度地降低因炸机造成的素材损失。

注意：外出拍摄时，建议使用无人机包或者收纳箱携带。在收纳过程中，如果将无人机装在背包中，为了避免误触无人机电源，导致无人机在背包中自动开机，造成损坏，不建议安装电池收纳。

## 6.2　无人机飞行前的准备

### 6.2.1　检查无人机螺旋桨

检查无人机螺旋桨是否安装正确。无人机螺旋桨有两种，安装时务必对应安装，确保没有装反，如图6.3所示。安装后检查是否牢固，有无松动。

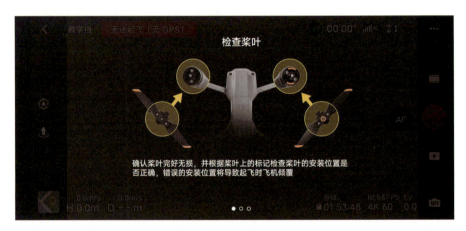

图6.3　检查桨叶

### 6.2.2　检查无人机电池卡扣是否锁紧

检查无人机电池卡扣是否锁紧，图6.4所示为未锁紧状态，图6.5所示为锁紧状态。

如果出现电池鼓包现象，会造成无法卡紧的情况，建议及时更换，避免飞行期间因电池鼓包造成无法锁紧或者电压不够而发生危险。

图6.4　电池未锁紧状态　　　　　图6.5　电池锁紧状态

## 6.2.3 检查无人机和遥控器电量

检查无人机和遥控器电量是否充足，电量低，请勿起飞。进行长时间户外拍摄，MINI 系列无人机可使用充电宝随时为电量低的电池充电；其他型号无人机，如果附近有市电接口，建议使用电池管家，随时为电量低的电池充电，确保续航时间。

## 6.2.4 检查无人机云台保护罩是否卸下

检查无人机云台保护罩是否卸下，如图 6.6 所示。新购买的无人机除云台保护罩外，云台上还会有保护的海绵，将保护海绵拆下，再飞行。

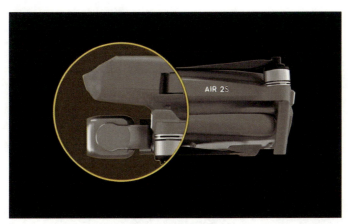

图 6.6　拆除云台保护罩

## 6.2.5 确认是否需要安装 ND 滤镜

确认当前光线，如果光线太强，建议为无人机镜头安装 ND 滤镜。图 6.7 所示是未安装 ND 滤镜的镜头，根据光线强度选择 ND4-ND32；图 6.8 所示是安装 ND 滤镜后的镜头。安装 ND 滤镜后，曝光会更准确，前后对比如图 6.9 和图 6.10 所示。

图 6.7　未安装 ND 滤镜　　　　　　　图 6.8　安装 ND 滤镜后

图 6.9　未安装 ND 滤镜，拍摄画面过曝

图 6.10　安装 ND 滤镜后，拍摄画面曝光正常

### 6.2.6 飞行前寻找平整地面用于起飞和返航

飞行前寻找平整地面用于起飞和返航，如果没有平整地面，可以使用停机坪起飞。请勿手持起飞无人机，手持起飞存在一定的危险性。

### 6.2.7 连接线材，打开 App

如果使用不带屏遥控器，例如 DJI RC-N2，需要使用线材连接手机和遥控器，并开启手机的定位，打开遥控器电源和无人机电源，在遥控器与无人机连接成功后，会自动弹出 DJI Fly App，之后检查图传画面是否正常。在 App 显示"可以起飞"后，就表示可以安全起飞了，如图 6.11 所示。

图 6.11 界面显示可以起飞

## 6.3 起飞和降落无人机

### 6.3.1 起飞无人机

（1）一键自动起飞。点击"自动起飞"按钮，可以使无人机一键起飞，方便快捷，操作方法如下：先将无人机放置在水平地面上，依次开启遥控器和无人机电源（默认是先开启遥控器电源，再开启无人机电源），此时手机会自动打开 DJI Fly App。在左上角提示"可以起飞"信息后，先点击左侧的"自动起飞"按钮，屏幕中心会显示"起飞"按钮，如图 6.12 所示，点击按钮直至绿色转满整圈后松开，如图 6.13 所示，无人机会自动起飞，上升到 1.2 m 高度后停止上升，之后需要用户轻轻向上推动拨杆，使无人机向上飞行至安全高度，再寻找拍摄角度，进行拍摄。

图 6.12　界面显示可以起飞

图 6.13　起飞按钮绿色进度条满圈后松开

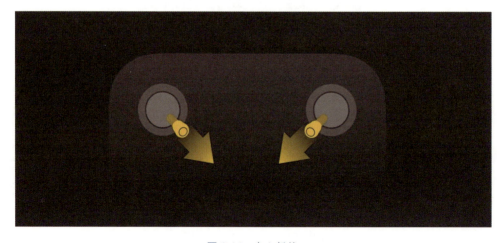

图 6.14　内八解锁

（2）手动起飞无人机。进入到 DJI Fly App 界面中，在画面左上角提示"可以起飞"信息后，将遥控器上的两个摇杆向内侧下方打杆（也称内八解锁），如图 6.14 所示，即可启动无人机的电机。无人机螺旋桨开始旋转，此时再推动上升的摇杆，操控无人机慢慢上升，这样无人机就起飞成功了。

### 6.3.2 降落无人机

（1）一键自动降落无人机。在降落前首先确保地面平整，无凹凸不平的障碍物，没有积水，地面上方无天线、树枝等障碍物，点击"自动降落"按钮，如图 6.15 所示。

图 6.15　自动降落无人机按钮

执行操作后，App 会弹出提示框，询问是降落还是返航，如图 6.16 所示，点击"降落"，无人机即可完成自动降落。

图 6.16　降落确认

（2）手动降落。在确认降落位置，并确认降落安全后，左手（美国手）向下打杆，保持 3 s 以上，无人机会降落至地面，并关闭螺旋桨电机。

### 6.3.3 紧急停机

图 6.17　急停 / 一键返航按钮

在拍摄的过程中，需要眼观六路、耳听八方，但有时会太过于专注画面构图，忽视无人机所在位置。当发现无人机处于危险状态，需要紧急停止飞行运动时，可以按下遥控器上的"急停"按钮，如图 6.17 所示，无人机会马上悬停在空中，之后等待周围环境安全后继续飞行，或者执行操作将无人机飞至安全区域。

### 6.3.4 一键返航

在结束拍摄后，需要将无人机返回时，可以使用遥控器上的一键返航按钮，这样无人机会在原地调整至 App 设置的返航高度，开始返航。这种操作比较适合环境开阔，返航路线无障碍物的情况。返航高度要设置正确，在飞行前确保返航高度高于周围最高建筑。当然大部分时候更建议随时调整返航高度，尤其是有风的天气，如果返航高度设置过高，会有遭遇强风的危险，在返航过程中还会消耗更多电量，因此适合的返航高度能确保自动返航的安全。

## 思考与练习题 6

1. 外出拍摄前应该做好哪些准备？
2. 起飞后如果发现曝光过度怎么办？
3. 手动起飞无人机，应该如何打杆？

# 第 7 章
# 无人机航拍飞行技巧
CHAPTER SEVEN

**内容提示** ▸

随着技术的进步，无人机更加智能。以大疆无人机为例，即使是新手，也可以通过"一键短片"功能，拍摄出精彩大片；通过智能跟随模式，可以实现对目标的智能跟随，减低拍摄难度。除了掌握以上技巧，还要学会基础的航拍动作，对这些动作综合运用，巧妙构图，就可以拍出高级的航拍大片。

**教学要求** ▸

（1）掌握一键短片功能；
（2）学会使用智能跟随；
（3）掌握基础的航拍动作；
（4）掌握技巧让航拍画面更高级。

**内容框架** ▸

无人机飞行技巧
- 一键短片功能，轻松拍大片
- 智能跟随模式
- 学会基础航拍动作
- 让航拍画面更高级

## 7.1 一键短片功能，轻松拍大片

一键短片功能，提供了渐远、环绕、螺旋、冲天、彗星、小行星等拍摄模式，如图 7.1 所示，在用户选择相应模式后，无人机会根据所选模式持续拍摄特定时长的视频。

图 7.1 一键短片功能

使用一键短片功能，一定要让无人机处于普通挡，调整无人机与主体之间的距离，确保周围无障碍物，才能进行一键短片拍摄。建议新手先从近距离开始拍摄，逐渐熟悉后，再进行远距离的飞行。

下面介绍一键短片的六种模式如何使用。

### 7.1.1 渐远

选择该模式，设置渐远距离，框选好目标对象，点击屏幕右侧 start 按钮，如图 7.2 所示。无人机将进行倒退飞行，并逐渐上升，飞行过程中，start 会变成红色取消按钮，如图 7.3 所示，直至拍摄完毕，无人机会返回原点。使用此功能时务必确认无人机后退上升路线无障碍物。

图 7.2　渐远模式框选目标

图 7.3　渐远拍摄过程中右侧为取消按钮

### 7.1.2　环绕

选择该模式，无人机将围绕目标对象，以特定距离环绕飞行拍摄。使用此模式时需要选择环绕方向，如图 7.4 所示，可以顺时针环绕，也可以逆时针环绕，但在环绕时注意与主体之间的距离，确认环绕路线无障碍物。

图 7.4　环绕方向选择

### 7.1.3 螺旋

选择该模式，无人机将围绕目标对象，螺旋上升拍摄，如图 7.5 所示。

图 7.5　螺旋模式

### 7.1.4 冲天

选择该模式，框选好目标对象，无人机的云台相机将垂直 90°俯视目标对象，然后垂直上升拍摄，如图 7.6 所示。

图 7.6　冲天模式

### 7.1.5 彗星

选择该模式，无人机以椭圆轨迹飞行，绕到目标后面并飞回起点拍摄，如图 7.7 所示。

图 7.7　彗星模式

### 7.1.6　小行星

选择该模式，可以完成一个从全景到局部的漫游视频，如图 7.8 所示。

图 7.8　小行星模式

## 7.2　智能跟随模式

智能跟随模式是基于图像的跟随，可以对人、车、船等移动对象有识别功能，如图 7.9 所示。用户需要注意的是，使用智能跟随模式时，先将无人机飞行到 2 m 以上高度，要与跟随目标保持一定的安全距离，如图 7.10 所示，并注意周围环境，是否存在电线、树枝等不易避开的障碍物。

图 7.9　智能跟随模式

图 7.10　与跟随目标保持安全距离

具体操作方法为，在选择"智能跟随"模式后，在屏幕中通过点击或框选的方式，设定跟随的目标对象，如图 7.11 所示。如果选择错误，可以点击选框左上角的绿色取消图标，如图 7.12 所示，再重新框选。

图 7.11　框选跟随目标

图 7.12　点击图标可取消目标选择

智能跟随模式有三种，分别是跟随、聚焦、环绕。在选择目标点后，默认进入聚焦模式，此时不管用户如何移动无人机，镜头会始终对准目标点。

### 7.2.1　跟随模式

在选择跟随模式后，默认追踪状态，"跟随"图标会变成"GO"图标，如图 7.13 所示。点击该图标后，开始跟随，同时出现"Stop"图标，如图 7.14 所示。跟随模式下，无人机会一直锁定跟随目标，如图 7.15 所示。

图 7.13　跟随模式图标

图 7.14 "Stop"图标

图 7.15 锁定目标一直跟随

选择跟随模式,点选"平行"将进入平行跟随,如图 7.16 所示。点击"GO"图标开始平行跟随,同时画面中间显示"Stop"图标,如图 7.17 所示。平行跟随时,无人机会锁定目标平行飞行,如图 7.18 所示。

图 7.16 平行跟随选项

图 7.17 开始平行跟随

图 7.18 平行跟随效果

### 7.2.2 环绕模式

选择环绕后，画面会出现环绕方向的箭头，如图 7.19 所示，选择环绕方向，点击"GO"，开始环绕跟随。

图 7.19 环绕跟随方向选择

## 7.3 学会基础航拍动作

### 7.3.1 上升和下降无人机

上升和下降无人机是学习航拍需要掌握的基础技能,也能拍摄出理想的航拍画面。如图 7.20 和图 7.21 所示,开始拍摄山体陡立的扶梯,表现出一种神秘感,通过上升镜头最后展现出山顶的烽火台和壮丽的景色。上升和下降操作虽然简单,但是仍需多次训练,这样可以提高对摇杆的控制能力,有助于进行复杂的飞行。

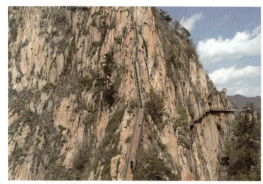 

图 7.20　上升拍摄陡立的扶梯　　　　图 7.21　继续上升拍摄山顶的烽火台

### 7.3.2 直线向前飞行航拍

直线飞行是简单的飞行方法,将无人机上升到合适高度,调整好云台的角度,右手向前推动摇杆(美国手),效果如图 7.22 和图 7.23 所示。向前推进的航拍镜头一般用来作为视频的开场。

图 7.22　向前直线飞行,先表现大环境　　　　图 7.23　向前直线飞行,展现活动现场情况

### 7.3.3 后退飞行航拍

后退飞行航拍，先将无人机上升到合适高度，调整好云台相机的拍摄角度，右手向下拨动摇杆（美国手），效果如图 7.24 和图 7.25 所示，由烟花璀璨的灯塔向后逐渐展现出度假区的全貌。后退飞行的航拍镜头一般用来作为视频的结尾。

### 7.3.4 原地旋转俯拍

先将无人机上升到合适高度，调整好云台相机的拍摄角度，将拍摄对象放置到画面合适位置，左手向左或右拨动摇杆（美国手），在航拍过程中根据视频风格确定旋转速度，效果如图 7.26 和图 7.27 所示，通过原地缓慢地旋转俯拍，表现出悠闲惬意的湖畔生活。

### 7.3.5 环绕飞行

环绕飞行也称作"刷锅"，是指无人机围绕一个目标拍摄对象进行 360°环绕飞行。在飞行过程中，确保目标对象始终在画面中心位置，需要同时操控两个摇杆，配合使用旋转和移动。在飞行过程中务必确认周围无遮挡物，因为大疆部分无人机没有侧避障功能，环绕飞行最易炸机。效果如图 7.28 和图 7.29 所示，开始拍摄建筑物正面，通过环绕飞行展现建筑物的更多角度。

图 7.24 后退飞行，先拍摄局部

图 7.25 后退飞行，展现度假区全貌

图 7.26 原地旋转俯拍，找好拍摄角度

图 7.27 原地旋转俯拍，全程做好构图

图 7.28 环绕飞行,首先展示建筑物正面

图 7.29 环绕飞行,在环绕过程中展现建筑物更多角度

### 7.3.6 冲天向上飞行

冲天向上飞行,无人机垂直俯拍,由下向上拉升无人机,得到由局部到整体的画面,使目标主体在画面中越来越小,这种拍摄方法适合做视频的结尾。效果如图 7.30 和图 7.31 所示,开始拍摄建筑遗址的局部,通过冲天向上飞行展现出建筑遗址的全貌。

图 7.30 冲天向上飞行,开始拍摄遗址局部

图 7.31 冲天向上飞行,逐渐展现出遗址全貌

### 7.3.7 螺旋上升

螺旋上升,无人机在自身旋转的同时,向上冲天飞行,拉高无人机,相对于单纯的冲天飞行,画面更丰富,也能更好地展现出拍摄的环境。效果如图 7.32 和图 7.33 所示,开始拍摄人物与温泉泡池,通过冲天向上飞行展现出温泉泡池的全景。

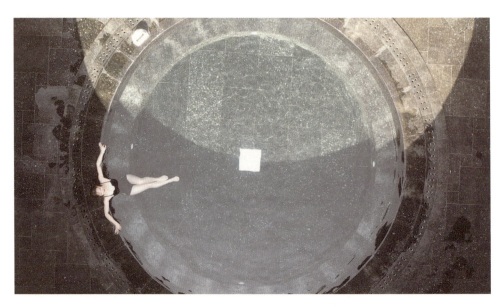

图 7.32　螺旋上升，开始拍摄温泉泡池和人物

图 7.33　螺旋上升，逐渐展现出温泉泡池全景

### 7.3.8　侧飞

侧飞，无人机在拍摄对象一侧飞行，可以表现出左右空间的延伸感。侧飞可以拍摄建筑风景，如图 7.34 和图 7.35 所示；侧飞也可以用于对人物等移动目标的运动追踪，如图 7.36 和图 7.37 所示。

图7.34 侧飞,开始拍摄寺庙大殿

图7.35 侧飞,向右飞行拍摄寺院其他建筑

图7.36 侧飞,拍摄人物向前奔跑

图 7.37　侧飞,向左飞行追踪人物展现出更多景色

### 7.3.9　渐远飞行

不同于直线后退,渐远飞行在后退的同时拉高无人机,体现出壮丽的场景,适合做视频的结尾,如图 7.38 和图 7.39 所示。

图 7.38　渐远飞行,开始拍摄人物挥手再见的动作

图 7.39　渐远飞行，后退的同时拉升无人机展现环境

### 7.3.10　飞跃甩尾

飞跃甩尾相对于前 9 种飞行方式更复杂，无人机以远处拍摄对象为目标，飞近目标点，不断地调整角度，使云台相机始终对准拍摄对象，飞跃至其上方并旋转无人机，倒飞结束，如图 7.40～图 7.42 所示。

图 7.40　飞跃甩尾，以拍摄对象为目标向前飞行

图7.41 飞跃甩尾，飞跃其上方调整无人机方向

图7.42 飞跃甩尾，向后渐远飞行

# 7.4 让航拍画面更高级

## 7.4.1 巧妙利用前景遮挡

在航拍过程中，为了让画面更具有层次感，可以寻找一个前景作为遮挡，无人机通过运动，拍摄的目标对象逐渐显现出来，这样的镜头画面内容会更丰富，也更具动感。

例如航拍祖山济心寺，如果直接拍摄寺庙，向前推进镜头，画面会略显单调。在拍摄过程中，寻找到右侧的山作为前景遮挡，开始录制。如图 7.43 所示，无人机向前飞行的时候缓慢地向左移动，远处的济心寺慢慢地在画面中显现出来，如图 7.44 所示。需要注意的是，利用前景遮挡拍摄，如果无人机没有 4G 模块，这种拍摄方式会影响图传信号，建议拍摄时在遮挡的一侧起飞无人机，以确保飞行安全。

图 7.43　利用右侧山体做前景遮挡

图 7.44　缓慢向左移动并向前飞行

### 7.4.2　低角度飞行

大部分航拍镜头需要上升至一定的高度才开始拍摄，这种镜头比较常见。但是将无人机下降至合适高度，上仰云台进行拍摄，如图 7.45 所示，低角度环绕飞行，能表现出大海的景色，还能体现出岸边奇特的礁石。因为崎岖不平的岸边无法使用稳定器丝滑运镜，所以无人机低角度航拍是最好的拍摄方式，如图 7.46 所示。这种飞行具有一定的风险，飞行时要躲避障碍物，规划好飞行路线，确保周围无人员。

图 7.45　低角度航拍海边

图 7.46　可以代替稳定器丝滑运镜

### 7.4.3　摇镜头跟随

摇镜头大部分用来展现大场景，因为固定角度拍摄无法展现出更多场景信息，所以需要将无人机上升到一定高度，进行摇镜头拍摄。但是通常情况下摇镜头的运镜方式会略显普通，所以在拍摄过程中可以跟随目标，让景别更丰富，如图 7.47 所示，无人机跟随缆车，拍摄缆车的由远及近、由近及远的变化。

### 7.4.4　多拍摄特写镜头

航拍镜头大部分用来表现大场景，观众对于大场景镜头的审美要求也更高，多拍摄特写镜头可以让航拍画面更丰富。如图 7.48 所示，拍摄远处的海中礁石，画面缺少特色，但是加入特写镜头后，近距离地展现礁石和海鸟，画面丰富了许多，也增加了灵动的气息，如图 7.49 所示。

图 7.47　摇镜头跟随

图 7.48 拍摄远处礁石海鸟画面

图 7.49 拍摄礁石海鸟特写画面

### 7.4.5 航拍风景时寻找动态元素

航拍风景时,画面往往过于单一,简单的前进、上升、螺旋、环绕提高的是运镜质量。但是优秀的航拍作品除了运镜,更注重内容的表达。航拍风景时,尝试寻找动态的元素,能让画面丰富起来,也更容易表达思想,烘托气氛。如图 7.50 所示,单纯地拍摄秋季银杏街道,画面单一,但是抓住行人骑自行车的镜头,从一定程度上不仅表现出景色的美,还能将人们享受美景的信息从画面传达出来。

图 7.50　银杏大道骑车的人

### 7.4.6　多利用逆光拍摄

航拍时大部分采用顺光或者侧光拍摄，这样画面色彩和明暗立体关系更好，尤其是侧光，明暗立体关系最强。因为无人机镜头和全画幅相机还是存在一定差距的，大部分无人机镜头 CMOS 是 1in、1/1.3in，大疆御 3 系列搭载 4/3 CMOS，想要逆光拍摄，得到理想的画面，一定要选对时机，最好在日出或日落时，逆光拍摄能让画面有很强的视觉冲击力，提升画面质感和氛围感。如图 7.51～图 7.53 所示，逆光拍摄古建筑，进行环绕运镜，夕阳恰好从古建筑的窗户透射出来，提升氛围感。

图 7.51　逆光拍摄古建筑开始环绕

图 7.52 环绕过程中夕阳穿过窗户

图 7.53 环绕结束时夕阳从另一侧闪现

# 思考与练习题 7

1. 使用一键短片功能时应该注意什么?
2. 如何进行平行跟随?
3. 如何让航拍画面更高级?

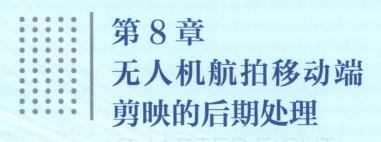

# 第 8 章
# 无人机航拍移动端剪映的后期处理
CHAPTER EIGHT

### 内容提示 ▶

本章将全面介绍如何在移动端使用剪映等视频剪辑软件进行视频后期处理。通过本章的学习,学生将能够熟练掌握移动端视频剪辑软件的高级功能,提升视频后期处理的能力。

### 教学要求 ▶

(1)掌握软件选择与基础设置;
(2)熟练掌握素材处理与画面调整;
(3)精通转场与蒙版应用;
(4)熟练掌握文字与音频编辑;
(5)掌握特效制作与综合运用。

### 内容框架 ▶

移动端剪映的后期处理
- 选择合适的移动端视频剪辑软件
- 移动端剪映视频剪辑的设置和管理
- 用剪映进行素材处理
- 用剪映进行画面调整
- 用剪映进行转场设置
- 用剪映进行蒙版操作
- 用剪映进行文字添加
- 用剪映进行音频处理
- 用剪映进行特效制作

无人机前期拍摄的只是一些零散的素材，无法直接作为精美成片呈现在受众面前，只有通过后期的处理，才能让素材变成震撼的大片。随着新媒体快速发展，人们对热点的时效性要求越来越高。用手机剪辑视频具有方便快捷、随时随地、实时预览、丰富的素材和特效以及社交分享等诸多好处，越来越受到广大无人机爱好者的青睐。

（1）随时随地。使用手机进行剪辑，不受时间和地点的限制，可以随时随地进行后期处理。无人机航拍团队可以在拍摄完成后立即开始后期处理，不必等到回到工作室或电脑前。

（2）实时预览。许多移动端视频剪辑软件支持实时预览功能，可以在处理过程中随时查看效果，便于及时调整和修改。这对于无人机航拍团队来说非常重要，因为他们需要确保航拍素材的准确性和质量。

（3）设备兼容性。移动端视频剪辑软件通常与各种移动设备兼容，可以轻松导入和导出无人机拍摄的素材。这意味着无人机航拍团队可以轻松地在不同设备之间传输和共享素材，提高了团队协作的效率。

（4）丰富的素材和特效。许多移动端视频剪辑软件提供了丰富的素材和特效，如滤镜、转场、字幕、配乐等，可以使拍摄素材更加生动、有趣，提升观众的观看体验。这有助于无人机航拍团队创作出更具吸引力和影响力的作品。

（5）社交分享。移动端视频剪辑软件通常支持将处理好的无人机素材分享到各种社交媒体平台，与更多的人分享自己的作品。这有助于无人机航拍团队扩大影响力，吸引更多的关注和支持。

无论如何，无人机航拍爱好者们都需要掌握一定的后期视频处理技能，包括剪辑、调色、音效处理等方面的技术，以确保最终的航拍作品能够达到最佳的效果和观众期望的水平。只有这样，才能真正发挥出无人机航拍技术的优势，为观众带来更加震撼、生动的视觉体验。

## 8.1　选择合适的移动端视频剪辑软件

移动端视频剪辑软件有很多种，通常都具有简洁明了的操作界面和强大的功能，可以快速完成剪辑、调色、音频调整等后期处理工作，大大提高了制作效率。对于无人机航拍团队来说，这意味着他们可以在更短的时间内完成更多的工作，提高了工作效率。

在各大视频平台上，可以看到很多利用这些工具创作出的充满情感和生活气息的小视频，其中有些视频令人感动，有些令人心生向往，还有些则让人捧腹大笑。但遗憾的是，也有很多人在使用这些视频剪辑软件时，并没有达到预期的效果。这往往是因为他们没有选择到真正适合自己的工具，导致付出了努力却没有得到相应的回报。

为了避免这种情况，本章将对日常使用频率较高的几款移动端视频剪辑软件进行深入的探讨和比较，帮助大家更清晰地了解它们的特点和优势，找到与自己需求最匹配、上手迅速、操作简便且效果出色的视频剪辑软件。

### 8.1.1 剪映

剪映最初作为字节跳动旗下的一款视频剪辑工具，于 2019 年正式上线。当时，短视频在社交媒体平台上越来越受欢迎，用户对于视频剪辑的需求也日益增长。剪映凭借其简洁易用的界面和强大的功能，迅速吸引了大量用户。

为了满足用户不断增长的需求，剪映团队不断改进和升级软件功能。他们引入了更多的滤镜、特效、音频调整等工具，使得用户可以更加方便地进行视频剪辑和创作。随着移动设备的普及，剪映逐渐扩展到各个系统，包括 iOS、Android 等。这使得更多的用户可以在不同设备上随时随地进行视频剪辑。

剪映与字节跳动旗下的其他社交媒体平台如抖音、今日头条等进行了深度融合，用户可以将剪辑好的视频直接分享到这些平台上，与更多的人互动和交流。

根据剪映官方公布的数据，2022 年 9 月，剪映的日活用户数已经突破了 1 亿，并且平均每天有超过 7 000 万的用户在使用剪映进行视频剪辑和创作。同时，剪映还聚集了超过 50 万的模板创作者，他们使用剪映创作出了大量的优质视频模板供其他用户使用。剪映被受众接受程度高的原因有以下几点。

（1）剪映具有简洁明了的操作界面和强大的功能，使得用户可以快速上手并进行视频剪辑。即使是没有专业剪辑经验的人也能轻松使用剪映来剪辑视频。

（2）剪映提供了大量的贴纸、滤镜、音效等素材，以及各种转场、动画等特效，使得用户可以方便地对自己的视频进行美化和增强，提高视频的观赏性。

（3）强大的技术支持：剪映团队不断改进和升级软件功能，引入更多的技术和工具来满足用户不断增长的需求。例如，他们引入了人工智能技术来进行视频识别和优化，提高了视频的质量和处理速度。

（4）剪映是一款免费的视频剪辑软件，用户可以免费使用其中的大部分功能。这使得更多的人可以接触和使用剪映，提高了其普及程度。

（5）满足了短视频创作的需求：随着短视频的兴起，越来越多的人开始尝试短视频创作。剪映作为一款简单易用、功能强大的视频剪辑工具，正好满足了这部分用户的需求。

总之，剪映凭借其简单易用、丰富的素材和特效、强大的技术支持以及满足短视频创作需求等特点，赢得了广大用户的喜爱，成为一款广受欢迎的视频剪辑工具。它的用户群体极其广泛，包括专业创作者、社交媒体用户、教育工作者和营销人员等。

### 8.1.2　InShot

InShot 是一款功能强大的视频剪辑和图片编辑应用软件。2014 年，InShot 首次推出，主要面向移动设备用户。当时，移动设备上的视频剪辑和图片编辑需求日益增长，InShot 凭借其简洁易用的界面和强大的功能，迅速在市场中占据了一席之地。

为了满足用户不断增长的需求，InShot 团队不断改进和升级应用功能。他们引入了更多的滤镜、特效、编辑工具等，使得用户可以更加方便地进行视频剪辑和图片编辑。目前，InShot 逐渐扩展到全球范围，支持多种语言，吸引了来自世界各地的用户。这使得 InShot 成为一个国际知名的视频剪辑和图片编辑品牌。

随着社交媒体的普及，InShot 的主要受众人群是社交媒体用户，包括微博、抖音、快手等平台的用户。他们使用 InShot 来剪辑和美化自己的视频和图片，以分享到社交媒体上。独立制作人、短视频创作者也是 InShot 的重要受众。他们使用 InShot 来剪辑和制作短视频，以展示自己的才华和创意。摄影爱好者可以使用 InShot 来对拍摄的照片进行编辑和美化，提高照片的质量和观赏性。营销人员可以使用 InShot 来制作产品宣传视频和广告图片，以吸引更多的潜在客户。

总之，InShot 的发展历史反映了移动设备用户对视频剪辑和图片编辑的需求增长，其受众人群涵盖了社交媒体用户、短视频创作者、摄影爱好者和营销人员等。凭借其强大的功能和易用性，InShot 满足了人们对于视频剪辑和图片编辑的不同需求，成为移动设备上的一款热门应用。

### 8.1.3　猫饼

猫饼是一款简洁易用的短视频剪辑软件，拥有丰富的滤镜、字幕和音效等素材，可以帮助用户快速制作出具有个性的短视频。

"猫饼"项目于 2016 年 9 月启动，2017 年 7 月正式上线。上线初期，一些用户反映相对于其他短视频 App 来说用户门槛偏高。尤其在当时抖音短视频占据主导地位的环境下，猫饼初期的市场反馈并不理想。但随着 Vlog（video blog，视频日记）文化在国内的逐渐普及，从最初的"短视频讲故事"逐渐转型为"超简单的 log 工具"，其用户接受度逐渐上升。目前，猫饼的日活用户数已经突破了千万级别，并且每天平均有超过百万的用户在使用猫饼进行视频剪辑和创作。同时，猫饼还聚集了大量的模板创作者，他们使用猫饼创作出了大量的优质视频模板供其他用户使用。

### 8.1.4 快影

快影最初作为一款独立的短视频剪辑工具进入市场。随着短视频的流行和用户对视频剪辑需求的增加，快影不断进行功能升级和界面优化，提高了用户体验。快影逐渐与其他社交媒体平台进行合作，使用户可以方便地将编辑好的视频分享到这些平台上，增强了其社交属性。

根据 QuestMobile 数据显示，快影 2023 年 6 月份日活用户数已经突破了 200 万，其环比增长率作为视频剪辑 App 的代表，挤进了前十榜单。它的受众群体主要是短视频创作者和年轻人，他们对新鲜事物和社交媒体平台有着浓厚的兴趣。他们使用快影来剪辑和分享自己的短视频，与朋友互动，展示自己的才华和创意。

快影凭借其功能强大、易于使用的特点，赢得了广大用户的喜爱。用户可以使用快影轻松剪辑视频，添加音乐和滤镜等，制作出具有个性和创意的短视频作品。

## 8.2 移动端剪映视频剪辑的设置和管理

在这里我们选用移动端剪映 App 介绍视频素材的后期处理。

在开始视频剪辑前，通过合理设置与管理视频剪辑软件中的常规功能，可以显著提高剪辑效率。通过预先配置，可以确保剪辑过程更顺畅，更简单。

### 8.2.1 剪映视频剪辑的设置

这里提到的视频剪辑设置，主要是指对分辨率、帧率、片头、片尾等进行预先配置，以确保在剪辑过程中能够达到最佳效果，从而为制作出高质量的视频奠定坚实的基础。这种设置的重要性在于，它可以帮助剪辑师在剪辑过程中更加高效、准确地处理视频素材，避免出现质量问题，确保最终输出的视频质量符合预期的要求。

#### 8.2.1.1 设置分辨率和帧率

第一步，打开剪映 App 软件并点击"开始创作"按钮，如图 8.1 所示，进入创作界面。在创作界面中，选择想要编辑的视频或图片素材，然后点击"添加到项目"按钮，如图 8.2 所示。

图 8.1 "开始创作"按钮

图 8.2 添加素材

第二步，对导入的素材进行编辑，如裁剪、分割、添加特效等。编辑完成后，点击右上角的"导出"按钮，如图 8.3 所示。

第三步，在导出设置界面中，可以看到"分辨率"和"帧率"两个选项，如图 8.4 所示。点击分辨率选项，会弹出一个滑动调节条，通过滑动调节条来选择想要的分辨率。同样地，点击帧率选项，也会弹出一个滑动调节条，通过滑动调节条来选择想要的帧率。分辨率包括 480 P、720 P、1080 P、2 K、4 K，帧率（frame persecond，fps）包括 24 fps、25 fps、30 fps、50 fps、60 fps。

实际使用过程中，可以依据具体的需求对分辨率和帧率进行设置。一般而言，分辨率越高，视频的清晰度越高；帧率越高，视频的流畅度越高。相对应的是，分辨率和帧率越高，视频文件所需要的内存空间也就越大。在导出短视频时，一般建议选择 1080 P 分辨率和 30 帧率。选择 1080 P 分辨率是因为它能够在保证视频清晰度的同时，控制视频文件的大小，使其适合在各大短视频平台上分享和观看。同时，1080 P 也是目前主流视频平台所支持的标准分辨率之一。选择 30 帧率是因为它既可以保证视频的流畅性，也能够避免文件过大。30 帧 / 秒的视频已经足够流畅，让用户观看时不会感到卡顿。同时，与 60 帧 / 秒相比，30 帧 / 秒的文件大小更小，更适合在网络平台上传输和分享。综合考虑清晰度、文件大小和流畅性等因素，1080 P 分辨率和 30 帧率是导出短视频时比较适宜的选择。

第四步，选择好分辨率和帧率后，点击"导出"按钮来导出编辑好的视频。最后，点击"完成"按钮来完成整个编辑过程，如图 8.5 所示。

图 8.3　"导出"按钮

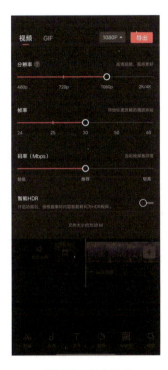
图 8.4　导出设置

图 8.5　"完成"按钮

通过以上步骤，就可以在剪映中设置分辨率和帧率了。请注意，不同的分辨率和帧率会影响视频的质量和大小，因此需要根据实际情况来选择适合的参数。

### 8.2.1.2　添加片头和片尾

一个优秀的视频作品不仅内容要精彩，其完整性和专业性同样重要。这就是为什么每个视频都应该有精致的片头和片尾。它们如同视频的"门面"和"收官"，能深深吸引观众，使他们全身心投入到内容中，同时也能提升视频的整体质感。剪映这款视频编辑工具为用户提供了丰富的片头和片尾素材库，涵盖各种风格，满足不同视频的需求。只需简单浏览，选择与自己视频风格最匹配的片头和片尾，再稍作调整，就能快速完成设置。这一过程无比便捷，大大降低了视频制作的难度，让每个用户都能轻松打造出专业级的视频作品。

（1）添加片头：第一步，打开手机端剪映 App，轻触"开始创作"选项，从众多视频素材中挑选出待编辑的作品，然后点击右下角的"添加"按钮，将其引入编辑界面。

图 8.6 "+"标志

第二步,完成第一步后,视频素材会被自动添加至剪辑轨道。接下来,轻触轨道上视频素材后方的"+"标志,如图 8.6 所示,便会迅速转入"照片视频"与"素材库"界面,如图 8.2 所示。在此,点击"素材库"并进入,通过向上滑动屏幕,用户可以浏览到丰富的片头选项。仔细挑选,一旦找到与视频风格相契合的片头,便选中并点击右下角的"添加"按钮。这样,所选片头就会顺利添加到视频中,为作品增添专业性和吸引力。

(2)添加片尾:片尾的制作方法与片头相似,在成功添加片头后,接下来需要将剪辑轨道上的时间线移至视频素材的结束位置。然后,用户再次点击剪辑轨道上的"+"标志,重新进入素材库界面。在这里,他们可以仔细寻找与视频相匹配的片尾。一旦找到合适的片尾,只需点击"添加"按钮,片尾便会被迅速应用到视频中,为整个作品画上一个完美的句号。

### 8.2.2 视频剪辑的管理

在视频剪辑的日常工作中,经常会遇到大量剪辑草稿和模板草稿积累的问题。这些草稿虽然会占用一定的内存空间,甚至有时会影响到剪辑效率,却不能轻易地将其全部删除,这些草稿很可能在未来的某个时刻被再次需要。因此,需要对这些草稿进行及时和合理的管理。通过有序的管理,可以轻松找到并再次使用这些草稿,从而在剪辑工作中节省大量的时间和精力。

#### 8.2.2.1 管理剪辑草稿

剪辑草稿通常指的是在剪辑自己拍摄的视频或照片后所保存的版本。当这些草稿数量过多或不再需要它们时,可以选择删除以释放存储空间。值得一提的是,与计算机端的剪映专业版相比,手机端的剪映 App 增加了一个非常实用的备份功能。这意味着即使用户不小心删除了某个剪辑草稿,也可以通过备份轻松恢复,从而避免了因误删而造成的损失。

用户可以通过剪辑草稿的删除、复制与备份功能轻松管理自己的草稿。具体流程如下。

第一步,启动手机端剪映 App,初始界面便是剪辑草稿的列表。每个剪辑草稿旁边都设有一个"…"标志,轻触后会展现上传、重命名、复制草稿、剪映快传和删除几个选项，如图 8.7 所示。若用户仅需删除单个剪辑草稿，直接点击删除选项即可。若打算一次性删除多个或全部剪辑草稿，可点击屏幕右上方的"管理"选项，随后勾选希望删除的草稿，执行删除操作，如图 8.8 所示。

第二步，选择"复制草稿"后，剪辑草稿界面上将会生成所选草稿的一个复制品，也就是副本。

第三步，在剪映 App 中，可以通过点击左下方的"上传"选项，将所有剪辑草稿上传到云端进行备份。此外，还可以根据个人需求选择备份特定的草稿，可以一次性全选，也可以单选或多选。这种备份功能非常实用，一旦误删了某个剪辑草稿，只需点击"剪映云"选项就能轻松找回。但需要注意的是，使用立即备份功能前，必须先登录自己的抖音账号。

图 8.7　"…"标志展开　　　　　　　图 8.8　草稿管理

#### 8.2.2.2　管理模版草稿

管理剪映模板草稿可以帮助用户快速找到所需的草稿，避免在大量草稿中浪费时间，从而提高剪辑效率。有效的管理可以让用户在使用剪映时更加得心应手，从而提升用户体验。定期整理和管理剪映模板草稿，有助于用户养成良好的创作习惯，保持作品的条理性和连贯性。那么应该如何管理好模板草稿呢？

第一步，打开手机端的剪映 App 后，轻触"模板"选项，即可一览所有的模板草稿。

第二步，在查看模板草稿后，用户可以通过两种方式来管理它们。一种方法是直接点击某个模板草稿后的"..."来进行单独的删除或复制操作；另一种方法是通过点击右上方的"管理"选项，对多个或全部模板草稿进行批量删除。这两种方式都非常方便，用户可以根据自己的需求选择合适的管理方法。

在删除模板草稿之前，务必三思而后行，因为这些草稿无法备份，一旦删除，就无法恢复，可能会造成不必要的损失。

## 8.3　用剪映进行素材处理

剪映是一款功能强大的视频编辑工具，可以帮助我们对各种类型的素材进行高效、精准的处理。无论是工作中的汇报素材，旅游中的风景素材，还是美食、游戏、舞蹈和音乐等娱乐素材，都可以通过剪映的专业处理，达到理想的效果。

### 8.3.1　素材操作

在使用剪映进行视频编辑时，素材的处理是至关重要的一环。通过对素材的添加、分割、复制、删除和替换等操作，可以轻松地对视频内容进行优化和提升。这些基本操作步骤能够帮助我们剪辑出更加流畅、连贯和有趣的视频作品。

#### 8.3.1.1　添加素材

之前我们已经简要提及了在剪映中如何添加素材的流程，现在我们将深入、详细地探讨并解释这一过程。

第一步，打开手机版剪映应用，点击下方的"+"按钮，选择"开始创作"。

第二步，进入素材选择界面。手机版剪映也支持从本地相册导入素材和使用应用内提供的素材库。

如果选择从本地相册导入素材，先点击"相册"按钮，然后选择需要导入的视频、图片或音频文件。选中文件后，点击"导入"按钮，这些素材就会被添加到项目中。

如果选择使用素材库，可以在搜索栏中输入关键词进行搜索，如图 8.2 所示，搜索航拍关键词，显示相应的素材，或者浏览各个分类来找到合适的素材。点击需要的素材，它就会自动添加到项目中。通过这两步操作，用户就可以在手机版剪映中轻松添加各种素材了。

#### 8.3.1.2 分割素材

成功导入素材后,这些视频片段会自动出现在剪映的剪辑轨道上。接下来,我们可以利用分割功能来精细调整每一个视频片段。

如果觉得某个视频片段太长或包含不需要的内容,可以轻松地进行分割。只需将播放头拖动到想要分割的位置,然后点击工具栏上的"分割"按钮或使用快捷键,视频就会被分割成两部分。这样就可以选择删除不需要的片段,或者对其进行进一步的编辑,如图 8.9 所示。

此外,通过分割功能,还可以将多个视频片段合并在一起。例如,如果有多个短视频片段,想要将它们拼接成一个完整的故事,可以先将它们按照想要的顺序排列在剪辑轨道上,然后使用分割工具确保它们之间的过渡自然流畅,如图 8.10 所示。

图 8.9　"分割"的使用

图 8.10　排列剪辑轨道

这种分割和合并的操作不仅可以帮助我们去除视频中不需要的部分,还能让故事叙述更加连贯和吸引人。

#### 8.3.1.3 删除素材

在手机版剪映中删除素材的操作方法也相当直观和简便。

第一步，用户需要导入并分割视频素材。完成分割后，用户可以在剪辑轨道上看到分割点以及被分割的两段视频。

第二步，如果用户想删除时间线前面的部分，只需轻触并长按该部分，直到出现选择框或者该部分明显高亮。同样地，如果用户想删除时间线后面的部分，也可采用相同的操作方式。

第三步，一旦用户选中了想要删除的视频片段，上方工具栏中会出现"删除"按钮（通常是一个垃圾桶图标）。点击该按钮，所选的视频片段就会被立即删除，留下的就是用户分割后想要保留的视频素材。

这种在手机版剪映上的删除操作既简单又高效，非常适合移动设备上的快速视频编辑。即使用户不在电脑前，也能随时随地进行高效的视频编辑工作。

#### 8.3.1.4 复制素材

通过在剪辑工具栏中向左滑动，用户可以找到"复制"选项并点击它。点击后，用户会发现在剪辑轨道上立即出现了一个与原始视频素材完全相同的复制品。此外，还有一种更快捷的复制方法，那就是直接点击剪辑轨道后方的"+"符号。

复制素材为用户提供了更多的创作可能性。用户可以利用这一功能来恢复之前误删或想要再次使用的剪辑后的视频片段。更重要的是，通过对同一个素材进行复制并进行各种特效处理，用户可以制作出更具挑战性和专业性的视频作品。

#### 8.3.1.5 替换素材

替换素材在计算机端剪映专业版中是一个相当简洁的过程，尤其当用户添加了错误或不理想的素材时，可以迅速地替换它们，重新加入用户更中意的视频片段。但在手机端的剪映 App 上，这个过程会略显复杂，尽管如此，其直观性相比计算机版更胜一筹。

第一步，在用户成功导入视频素材后，点击屏幕左下角的"剪辑"选项。这时会展现出一个工具栏，用户只需向左滑动，直至找到"替换"这一功能，如图 8.11 所示。

第二步，轻触"替换"，应用界面会随即转至用户的照片视频或素材库。在这里，用户可以浏览并选择想要用来替换的素材。一旦找到满意的素材，点击右下角的"确认"按钮，即可完成替换操作，如图 8.12 所示。

### 8.3.2 素材调整

剪映提供了丰富的功能，允许用户对素材进行各种细致入微的调整。无论是素材的纵横比、在项目中的排列顺序、持续时间，还是播放速度，都可以通过剪映的直观工具进行轻松调整。这些多样化的调整选项确保了每位用户都能根据自己的剪辑需求进行个性化的编辑，从而实现各种创意和表达。

图 8.11 "替换"按钮

图 8.12 "确认"按钮

#### 8.3.2.1 素材比例及排列顺序的调整

在成功导入素材后，用户会看到以原始比例显示的素材。要调整这个比例，用户可以预览视频素材，在屏幕的下方找到一个"比例"选项，如图 8.13 所示。点击它，用户会看到多种常见的比例选择，如 16∶9、4∶3、1∶1、3∶4 和 9∶16，如图 8.14 所示。

如果用户的无人机素材是 16∶9 或者 4∶3 的比例，用户可以选择在剪映中保持原始比例。这样，用户的视频将保持其原始的宽高比，这在一些需要展示无人机广阔视角的场景中非常有用。对于在手机平台上发布的视频，用户可能需要将无人机素材的比例调整为 9∶16，以适应大多数手机的屏幕比例。在这种情况下，用户可以使用剪映的裁剪功能来调整素材的比例，同时保持重要的视觉元素。

不同的社交媒体平台对视频的比例有不同的要求。例如，抖音和 Instagram 等平台的视频比例通常是 9∶16，而 YouTube 则支持多种比例，包括 16∶9、4∶3 和 1∶1 等。可以根据发布平台的推荐比例来调整无人机素材。

图 8.13　"比例"按钮　　　　图 8.14　比例选项

用户还可以使用剪映的创意工具来调整无人机素材的比例,以创造出独特的视觉效果。例如,用户可以使用画中画功能,在一个 4∶3 的视频中嵌入一个 16∶9 的无人机视角,或者尝试使用不同的比例来突出某种情感或主题。

总之,无人机素材的比例调整在剪映中的应用是一个灵活的过程,用户可以根据创作需求和发布平台来调整。通过尝试不同的比例和创意剪辑方法,用户可以发现哪种方式最能传达视觉故事和吸引观众。

至于素材的顺序调整,手机版剪映同样非常直观。如果用户发现素材顺序不合适,只需长按想要移动的素材片段,然后拖动到想要的位置即可。用户可以轻松地将它移到片头、中间或片尾,或者与其他素材交换位置。

#### 8.3.2.2　素材持续时间的调整

成功导入视频素材后,播放器界面通常会显示该素材的持续时间。如果用户希望缩短或延长视频的时长,有多种方法可以实现:

第一步,轻触并选中剪辑轨道上的视频素材。用户会注意到素材两侧出现了小长方条图标。这些图标是调整视频时长的关键。

第二步，如果用户想延长视频的时长，只需点击右边的小长方条图标，并向右拖动。这样，视频的持续时间就会相应增加。

第三步，如果用户希望缩短视频时长，可以点击左边或右边的小长方条图标，然后向左拖动。这样，用户就能根据需要减少视频的时长，如图 8.15 所示。

#### 8.3.2.3　素材播放速度的调整

在手机版剪映 App 中，为了满足用户对于视频播放速度的不同需求，同样提供了调整视频播放速度的功能。具体操作方法如下。

首先，确保已经成功添加了视频素材。然后，在剪辑轨道上轻触并选中用户想要调整播放速度的素材。这时，用户会在屏幕右上角看到一个包含画面、音频、变速、动画、调节等功能的界面。

接下来，点击"变速"选项。如图 8.16 所示，会有"常规变速"和"曲线变速"两个选项，选择"常规变速"，用户会看到一个表示播放速度的倍数选项。点击这个倍数后面的上下小三角可以调整播放速度。点击上面的小三角会加快播放速度，而点击下面的小三角则会放慢播放速度。用户可以根据自己的需求来设定播放速度，以达到最佳的视觉效果，如图 8.17 所示。如果需要复杂的变速，选择"曲线变速"，如图 8.18 所示，会有"自定义""蒙太奇""英雄时刻""子弹时间"等多个选项。

需要注意的是，当用户调整播放速度时，视频的播放时长也会相应地发生变化。播放速度越快，视频播放时长越短；播放速度越慢，视频播放时长越长。例如，如果用户将播放速度调整为 0.3×，一个原本只有 0.5 s 的视频片段的播放时长会延长到大约 14.9 s。

图 8.15　改变时长

图 8.16　"变速"按钮

图 8.17　常规变速　　　　　　　图 8.18　曲线变速

### 8.3.3　巧用素材库

在用无人机进行实地拍摄的时候，可能受到当地天气、地理环境、人为等诸多因素的影响，没有拍摄到理想的素材，此时可以调用素材库中的多样化素材，不仅可以弥补拍摄的不足，而且有助于激发创作灵感，尝试不同的编辑风格和效果。在手机版剪映 App 中，使用素材库具体操作步骤如下。

第一步，打开剪映 App 并点击右下角的"+"按钮，然后选择"开始创作"进入素材库界面。在这里，用户可以看到各种风格的素材，如片头、片尾、搞笑片段、空镜头等。此外，手机版剪映 App 还提供了烟花氛围和绿幕等特色素材。

第二步，浏览素材库，找到感兴趣的素材并点击进入预览。如果用户喜欢这个素材并想要使用它，只需点击右下角的"+"符号，或者通过长按拖动的方式，将素材添加到剪辑轨道上。

第三步，添加完成后，用户可以对素材进行进一步的编辑和调整，以满足创作需求。

## 8.4 用剪映进行画面调整

我们时常会对拍摄的视频或图片的画面感到不满，总觉得有些许瑕疵，没有完全符合预期。这种不完美感促使我们寻求更好的解决方案。此时，剪映的画面调整功能就如同一位巧妙的画师，帮助我们修饰画面的细节。无论是镜像、旋转还是裁剪，都能使我们的作品更加精致。而色调、背景的调整，则可以为画面增添特别的氛围。画中画功能更是让我们的创作充满了无限可能。经过这样一番调整，原本的视频或图片往往能焕发出全新的魅力，达到我们心中理想的效果。

### 8.4.1 画面基础的调整

之前已经详细描述了如何改变画面大小的方法和步骤，只需选择合适的比例，就能轻松调整画面尺寸。现在将深入探讨更多关于画面基础调整的技巧，例如镜像、旋转、裁剪等功能，这些功能能帮助我们进一步完善作品。定格和动画也是下面将要讲解的重要内容，它们可以为静态的画面增添动态的元素，使之更富有生动性和趣味性。掌握这些技巧后，用户将能更加灵活地处理视频或图片。

#### 8.4.1.1 画面镜像

剪映中的画面镜像指的是水平镜像，即将图像的左右部分以图像垂直中轴线为中心进行镜像对换，通俗来说就是让视频画面左右翻转，就像是将一个视频的画面从中间分成两半，然后左右互换位置，使得原本在左边的画面跑到了右边，原本在右边的画面跑到了左边。

第一步，打开手机版剪映App，点击"+"开始创作，导入需要编辑的素材。

第二步，轻触并选中素材，确保素材处于选中状态，选择"编辑"，再选择"镜像"按钮，如图8.19所示。

第三步，点击屏幕上方的"镜像"选项，会看到素材画面发生左右反转，就像是透过镜子看到的效果一样，如图8.20所示。

图8.19 "编辑"按钮

#### 8.4.1.2 画面旋转

随着手机在日常生活中的普及，人们越来越喜欢用它来记录有趣的场景。然而，由于大多数人并非专业摄影师，拍摄的视频有时可能不尽如人意，尤其是从侧面拍摄的视频，可能会增加观众理解的难度，影响视觉效果。但幸运的是，剪映的画面旋转功能可以帮用户解决这些问题。不论是想要调整视频的角度，还是修正拍摄的误差，都可以通过这一功能轻松实现。具体操作步骤如下。

第一步，点击"+"开始创作，导入需要编辑的素材。轻触并选中素材，确保素材处于选中状态（未选中状态将不显示旋转按钮）。

第二步，点击屏幕上的"编辑"按钮，选择"旋转"选项，每次点击都会使素材画面发生一次顺时针方向90°的旋转，如图8.21所示。连续点击"旋转"第四次后会回到原始画面状态。

图 8.20 "镜像"按钮

图 8.21 旋转

### 8.4.1.3 画面裁剪

画面裁剪和素材分割在功能上有相似之处，都是为了优化视频效果而选择需要的部分。画面裁剪主要是对视频画面的尺寸进行调整，去掉不需要的部分，使画面更加突出和聚焦。而素材分割则是对整段视频的时长进行裁剪，去除冗余或不必要的段落，让视频更加精练和有趣。裁剪时，用户可以根据自己的需求，选择合适的裁剪方式和裁剪比例，提升视频的观感和质量。

第一步，点击"+"开始创作，导入需要编辑的素材。

第二步，轻触并选中素材，确保素材处于选中状态（未选中状态将不显示裁剪按钮）。

第三步，点击屏幕上的"编辑"按钮，选择"裁剪"选项，App 会自动弹出一个裁剪界面。在这个界面中，可以点击"裁剪比例"来选择合适的裁剪比例，如图 8.22 所示。

第四步，点击右下角的"√"即可完成裁剪。

如果需要微调裁剪的位置或大小，可以使用双指进行缩放和拖动操作，也可以同时进行画面裁剪和旋转角度的调整，以达到更好的效果。具体操作方法如下。

第一步，选择需要编辑的视频素材，并点击"裁剪"按钮。在弹出的裁剪界面中，选择合适的裁剪比例，例如 4∶3。

第二步，在裁剪比例的左侧，可以找到旋转角度的按钮。点击该按钮并拖动滑块，可以顺时针或逆时针旋转画面，例如选择顺时针旋转 33°。

图 8.22 裁剪

第三步，点击"确定"按钮，即可完成画面裁剪和旋转角度的调整。

#### 8.4.1.4 画面定格

定格功能是剪映中一项非常实用的功能，它可以将视频中的某个片段设置成静止的画面，以突出该片段的效果。通过使用定格功能，可以轻松地将观众的注意力集中在视频的重要部分，让他们更加深入地理解和感受视频所传达的信息。具体操作方法如下。

第一步，需要打开 App 并点击"+"开始创作，导入需要的素材。

第二步，轻触并选中素材，确保素材处于选中状态。

第三步，拖动时间线至需要定格的视频片段对应的时间点，例如 1 s 处。点击屏幕上的"定格"选项后，如图 8.23 所示，App 会自动在该时间点创建一个时长为 3 s 的静止片段，如图 8.24 所示。这样，在播放视频时，选

图 8.23 "定格"按钮

中的时间点的画面将会连续播放 3 s 而保持不变。

#### 8.4.1.5 添加动画

剪映的添加动画功能可以让视频更生动、有趣，避免单调和乏味。通过选择适合的动画效果，可以让视频画面更加突出，吸引观众注意力的具体操作方法如下。

第一步，点击"+"开始创作，并导入所需的素材。确保素材已被选中，因为未选中状态将不显示动画按钮。动画按钮位于剪辑界面的底部工具栏中，如图 8.25 所示。

第二步，从入场、出场和组合这三种动画模式中选择适合的动画效果。以组合模式中的"方片转动"为例，点击即可应用于视频。

第三步，通过拖动动画时长条或者点击时长数字来调整动画的播放速度。时间越短，动画的速度就越快，播放时长也越短。可以根据实际需求进行合理设置，以达到最佳的动画效果，如图 8.26 所示。

图 8.24 "定格"的片段

图 8.25 "动画"选项

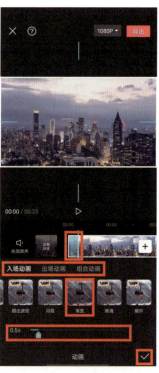

图 8.26 "动画"设置

### 8.4.2 画面色调的调整

画面的色调是影像情感表达的重要手段。概括而言，色调主要分为暖色、冷色和中间色调。暖色调以红、黄为主，像太阳和火焰，传递出活泼、愉快的情感；冷色调以绿、蓝为主，像森林和大海，带给人宁静、凉爽的感觉。细分之后，还有高调、低调等不同的调色技巧。这些细微的差别都能够为影像带来独特的情感体验。选择何种色调，应根据作品想要传达的情感而定，使色调与主题相得益彰。在后期制作中，对画面色调的调整至关重要，它能为作品增添情感色彩，使其更具感染力和吸引力。

#### 8.4.2.1 使用滤镜

剪映中的滤镜功能为调整画面色调提供了便捷的途径。该功能内置了众多可直接应用的色调，如暗调、小樽、午后等，涵盖了广泛的风格和情境。通过使用滤镜功能，用户可以轻松地为视频或图片添加所需的色调，从而快速改变画面的整体氛围和表现效果。具体操作方法如下。

第一步，点击"+"开始创作，导入需要编辑的素材。然后，轻触并选中素材，确保素材处于选中状态。

第二步，点击屏幕下方的"滤镜"选项，如图 8.27 所示，浏览不同的色调模式，如质感、清新、风景等，并选择喜欢的色调效果。

第三步，点击选中的色调效果后，等待下载完成。

第四步，完成后，色调效果会自动应用于素材中。

如果想要调整滤镜的强度，可以点击屏幕右上角的"滤镜强度"选项，通过拖动滑块或点击数字进行调整。如果不满意，还可以点击右下角的"重置"来重新设置滤镜效果。这样，就可以轻松地在手机版剪映中使用滤镜功能来调整画面色调了，如图 8.28 所示。

前面所描述的操作流程主要是关于如何添加单一滤镜效果的。但在实际操作中，

图 8.27 "滤镜"选项

图 8.28 "滤镜"设置

我们完全有能力实现多种滤镜效果的同时运用，并对这些滤镜效果的持续时间进行精细调整。下面以"午后""潘多拉"和"绿妍"这三种滤镜为例，详细说明操作步骤。

第一步，导入需要编辑的视频素材，并确保素材已选中。

第二步，将时间线拖动至 0 s 位置，然后点击屏幕下方的"滤镜"选项。在滤镜界面中，选择"质感"分类，并找到"午后"滤镜效果。点击应用后，通过拖动紫色滤镜长方条的右边边框来调整时长，使其在 1 s 位置。

第三步，再次点击"滤镜"选项，选择"潘多拉"滤镜效果，并将其应用于 1 s 至 2 s 的画面。

第四步，重复上述步骤，选择"绿妍"滤镜效果，并将其应用于 2 s 至 3 s 的画面。这样，这段时长为 3 s 的视频中，第一秒的画面色调是午后，第二秒是潘多拉，第三秒是绿妍。完成后，可以预览视频并导出编辑后的作品。

#### 8.4.2.2 使用调节

实际上，除了运用剪映中的滤镜功能来实现画面色调的快速调整，还可以根据色调的基本特质来进行更细致的调整。色调的产生和变化，很大程度上受到光的影响。光的性质（如色温）、种类和方向的变化都会导致色调的相应变化。因此，可以利用剪映中的调节功能，根据光的这些特性，对画面的色调进行更为精细和个性化的调整。

只需点击右上角的"调节"按钮，便会弹出一个界面，其中包括亮度、对比度、饱和度、锐化、高光、阴影、褪色和色温等调整选项。要调整这些参数，只需点击每个选项后面对应的向上或向下的小三角，或者直接拖动其后方的小方块即可。这样，就可以根据需要对相应的数值进行设置，从而实现画面色调的精细调整。

如果为了实现小清新风格的画面色调调整，可以按照以下步骤进行操作：

第一步，导入想要编辑的视频素材，并确保素材已被选中。

第二步，点击右上角的"调节"按钮，如图 8.29 所示，在弹出的调节界面中，进行以下参数设置：将亮度调整为 10，对比度调整为 14，饱和度调整为 10，锐化调整为 6，高光调整为 20，阴影保持为 0，褪色保持为 0。由于小清新通常偏向于冷色调，所以将色温调整为 -10，如图 8.30 所示。

在调整过程中，可以随时预览画面效果，确保调整结果符合用户的预期。如果对做出的调节设置不满意，可以点击右下方的"重置"按钮来重新进行设置。如果用户想把调整好的效果应用到整段视频中，只需点击右下方的"应用到全部"按钮即可。这样，就完成了对视频的小清新风格画面色调的调整。

图 8.29　"调节"按钮　　　　图 8.30　"调节"设置

### 8.4.3　画面背景的调整

背景在画面中起着陪衬和衬托的作用，它位于主场景后面，就像绿叶一样，为了让红花更加艳丽。调整背景可以从整体上装饰视频画面，增强空间深度，平衡构图，美化画面。通过对背景的处理，可以让主题更加突出，营造出更加优美的视觉效果。

#### 8.4.3.1　背景颜色

在剪映中，调整画面背景颜色是一个简单而有效的方法，能使主场景更立体和直观。剪映提供了数十种颜色供选择，让用户轻松找到最合适的背景色。只需进入背景颜色调整模式，浏览各种颜色，选择最符合场景氛围和主题的颜色。调整后，用户会发现主场景与背景更协调，整体画面更吸引人。调整画面背景颜色的操作步骤如下。

第一步，点击创作界面上的"背景"选项，如图 8.31 所示，弹出背景设置内容，默认情况下，剪映的背景填充是"无"。

第二步，从弹出的选项中选择"颜色画布"，如图 8.32 所示。这时，用户将看到多种可选的背景填充颜色，如图 8.33 所示。

第三步,选择一种合适的颜色后,点击它,用户将在左侧的预览窗口中看到效果。如果用户对填充的背景颜色感到满意,只需点击"应用到全部"按钮,即可将选定的背景颜色应用到整个视频中。

图 8.31 "背景"按钮

图 8.32 "背景"样式

图 8.33 画布颜色

#### 8.4.3.2 画布样式

利用剪映,用户不仅可以为画面填充背景颜色,还能调整画面背景的样式。相较于单一颜色的背景填充,剪映提供的多样化背景样式选项,能够使整体场景更为丰富多彩,更具视觉吸引力。这些丰富的背景样式为用户的创作提供了更多可能性,有助于打造出更具吸引力的视频作品。

在手机版剪映中,进行画面背景样式调整的操作流程如下。

第一步,点击"背景"选项后,从弹出的菜单中选择"画布样式"。

第二步,向下滑动样式页面,浏览各种可用的背景样式。在近百种样式中,选择一款合适的样式,如图 8.34 所示。

第三步,点击所选样式,应用。

第四步,完成后,用户可以在左侧的播放器界面预览应用该样式后的效果。如果用户对填充的样式感到满意,只需点击"应用到全部"按钮,即可将该背景样式应用于整个视频。

#### 8.4.3.3 背景模糊

剪映的背景填充功能中，背景模糊是一种有效的增强画面层次感的方法。通过对素材视频的画面进行模糊处理，填充后的背景与前景形成明显的对比，凸显出主题内容。这种模糊效果使得整个画面更加有深度感，观众能够更清晰地感知到不同元素之间的关系，从而提升视觉体验。具体操作流程如下。

第一步，点击"背景"选项后，在弹出的菜单中选择"画布模糊"。

第二步，浏览并选择适合的模糊模式，如图 8.35 所示，随后在播放器界面预览效果。如果满意，只需点击右下角的"应用到全部"按钮，即可将所选的模糊模式应用到整个视频中。注意，随着模糊模式的递增，画面的层次感会更加鲜明，形成更强烈的对比。

图 8.34　画布样式

图 8.35　画布模糊

### 8.4.4　画中画调整

画中画是一种独特的视频播放技巧，允许在播放主视频的同时，插入另一段较短的视频。这种方式常见于片头、片中或片尾，其作用是以有趣的小视频来替代或掩盖长视频中枯燥无味的部分，从而增强观众的观看体验。通过画中画，创作者可以为观众呈现更多信息和视觉元素，使内容更加丰富多样。

#### 8.4.4.1 添加画中画

在手机版剪映中制作画中画效果的操作流程如下。

第一步，导入想要使用的两段视频素材，并将它们都添加到剪辑轨道上。

第二步，选中想要作为画中画内容的"搞笑片段"。通过长按并拖动该片段，可以将其放置在片头的任意时间段，根据需要调整画中画出现的位置。

第三步，点击播放器进行预览。用户会发现在片头播放至 5 s 时长时，搞笑片段会以画中画的形式出现。

第四步，导出视频，即可分享或保存画中画效果的作品。

#### 8.4.4.2 调整画面混合模式和不透明度

在成功添加画中画后，可以利用剪映的混合模式和不透明度功能来进一步优化效果。通过调整画中画的比例，可以让其与第一段视频保持相同的比例，或者缩小其比例，使其在第一段视频中更为突出。同时，利用混合模式，可以控制画中画与主视频的融合程度，达到更自然或更鲜明的效果。不透明度功能则允许用户调整画中画的透明度，使其与背景更好地融合或形成对比。这些工具为用户提供了更多的创作灵活性，让画中画效果更加出色。

第一步，点击"开始创作"并导入一段主视频素材。然后，点击下方的"画中画"选项，如图 8.36 所示，接着点击"新增画中画"，如图 8.37 所示，选择并添加想要的画中画视频素材，如图 8.38 所示。

第二步，成功添加画中画后，用户可能会注意到画中画的比例较大。为了缩小画中画的比例，可以用两根手指分别按住画中画的两个对角（成功添加的画中画会有一个红色边框显示），然后向内拖动，这样就可以缩小画中画的画面比例了。用户可以根据需要调整画中画的比例，使其与主视频一致或更小。

第三步，调整完画中画的比例后，点击空白区域以消除红色边框。接下来，点击下方的"混合模式"选项，会看到多种混合模式可供选择，如正常、变暗、滤色、叠加、正片叠底等。在这些模式的上方，用户可以调整不透明度。

第四步，选择一个合适的混合模式，如图 8.39 所示，并根据需要调整不透明度。例如，用户可以选择"变暗"混合模式，并将不透明度设置为 50%，如图 8.40 所示。调整好后，点击不透明度后面的"√"以确认设置。

第五步，预览视频，确保画中画的效果符合预期。如果满意，可以导出并分享作品。

第8章 无人机航拍移动端剪映的后期处理

图 8.36 画中画

图 8.37 新增画中画

图 8.38 添加素材

图 8.39 "混合选项"按钮

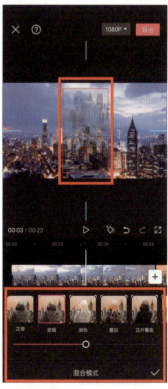
图 8.40 "混合选项"设置

151

## 8.5 用剪映进行转场设置

转场是视频编辑中的重要环节,它的作用在于将两段视频平滑地连接起来,避免出现突兀的跳转。通过巧妙的转场设计,可以让观众更自然地从一个场景过渡到另一个场景,提升整体观看体验。类似于文章中的过渡段,转场起到了承上启下的作用,使得视频内容更加流畅连贯。

### 8.5.1 添加转场效果

转场的应用不仅能使两段相关的视频流畅过渡,还能将两段不相关的视频素材巧妙地衔接在一起。例如,风景与人物视频间添加两极镜头转场,能形成鲜明对比。剪映提供了多种转场模式,如叠化、运镜、幻灯片、光效和模糊转场等。计算机端和手机端的剪映转场功能有所不同。要应用这些转场效果,需根据视频的情节、情绪和节奏选择合适的模式,让过渡更自然、有趣。那么到底应该如何应用呢?

#### 8.5.1.1 叠化转场

叠化转场就像其名字所示,提供了一系列叠化的转场效果。这些效果包括叠加、叠化、云朵、渐变擦除等,它们能够帮助用户实现平滑自然的视频过渡。

图8.41 "转场"按钮

叠化转场主要通过逐渐隐藏第一段视频的最后一个画面,并将第二个视频的第一个画面逐渐由暗变亮来实现转场效果,给观众带来一种视觉上的间歇感。在实际应用中,不同的转场效果会呈现出不同的特点,因此应根据具体需求选择合适的转场方式,提升视频的连贯性和观赏性。

第一步,成功导入至少两段视频素材,这是实现转场效果的基础。

第二步,点击屏幕上方的"转场"选项,如图8.41所示,然后选择"叠化"。在弹出的多种转场效果中,浏览并选择适合的转场效果,如图8.42所示。

第三步,点击所选转场效果,即可将转场效果添加到视频中。例如,第一段视频的结尾是城市夜景,而第二段视频的开头是城市夕阳画面。通过应用叠化转场效果,可以将两段视频无缝衔接。

第四步，通过延长转场时长，默认时长为 0.5 s，如图 8.43 所示，使过渡更自然。调整转场时长和融合效果后，预览视频，确保转场效果符合预期，如图 8.44 所示。

第五步，导出并分享作品。

图 8.42 "转场"设置

图 8.43 设置转场时长

图 8.44 最后效果

#### 8.5.1.2 运镜转场

在手机版剪映中，运镜转场是一项强大的功能，它包括色差顺时针、色差逆时针、推进、拉远等多种效果。这些效果主要基于方向性应用，即第一段视频从特定方向划出，而第二段视频从另一方向划入，从而实现流畅的转场过渡。运镜转场尤其适用于两段或几段内容意义差异较大的视频之间的转换，为受众带来视觉上的新鲜感。

添加运镜转场的流程与基础转场相似，用户只需根据需求选择适当的风格模式，并调整转场时长以达到最佳效果。例如，通过选择推进效果，第一段视频的结束部分可以向屏幕内推进，而第二段视频的开头部分则从屏幕外划入，形成一个连贯且引人注目的转场。这种转场效果可以有效地突出两段视频之间的对比和转换，提升整体视觉效果。

#### 8.5.1.3 幻灯片转场

在手机版剪映中，幻灯片转场效果类似于常见的 PPT 切换效果。它可以使第一个视频的画面逐渐旋转消失，紧接着呈现下一个视频的画面，这种转场方式非常适合用于衔接对比性较强的视频内容。

幻灯片转场效果丰富多样，例如翻页、回忆、立方体、圆形扫描等。用户可以根据个人需求和视频内容选择适合的幻灯片转场效果。添加幻灯片转场的流程与基础转场相似，简单便捷。通过应用幻灯片转场，可以为视频增添一份专业感和流畅的过渡效果，提升观众的观看体验。

#### 8.5.1.4 光效转场

在手机版剪映中，光效转场相较于叠化转场、运镜转场和幻灯片转场，具有更加形象和深化的效果。光效转场的每一种模式都与特定的事物相结合，如时光穿梭、光束、爆闪和胶片擦除等。选择与视频内容主旨相契合的光效转场，能够进一步激发观众的情绪，加深对视频情节和意境的印象。

添加光效转场的操作流程与其他转场效果相似，简单直观。用户只需选择适当的光效转场效果，调整转场时长和融合效果，即可将光效转场应用于视频中。光效转场的运用不仅可以提升视频的视觉效果，还可以加强场景之间的过渡和衔接，使整段视频更加流畅和引人入胜。

#### 8.5.1.5 MG 转场

在手机版剪映 App 中，MG 转场是一种独特而多样化的转场效果，相较于计算机端的剪映专业版更加丰富。它提供了水波卷动、动漫旋涡、箭头向右等多种转场方式。

MG 转场通过介入转场画面，在第一段视频即将结束时将画面完全遮挡，使观众无法分辨视频内容，从而顺畅地引出下一个视频片段。这种转场效果具有明显的转折作用，适用于缺乏连贯因素的两个或多个视频之间的直接切换，带有一定的硬性转折特征。

要应用 MG 转场效果，首先添加两段视频素材至剪映 App 的时间线中。然后点击两段视频中间的小白色方块，即可激活转场效果的选择界面。在这里，用户可以浏览并选择适合的 MG 转场效果，如水波卷动或动漫旋涡等。调整转场时长和融合效果后，即可预览并导出视频作品。MG 转场的运用将为视频增添动感和创意，使不同场景之间的过渡更加吸引人。

### 8.5.2 设置转场时长

在手机版剪映中，成功添加转场效果后，它通常会自动放置在第一段视频和第二段视频的中间位置，默认时长为 0.5 s。此外，转场还会分别叠加约 0.25 s 的第一段视频片尾和第二段视频片头，以确保平滑过渡。

要调整转场的时长，用户可以直接拖动转场时长后面的小白色方块，根据需要增加或减少转场的持续时间。

一般而言，转场时长越长，转场的速度就会越慢，而时长越短则转场速度越快。调整时长可以根据视频的节奏和情境来选择合适的转场速度。确定合适的时长后，只需点击转场时长右下角的"应用到全部"按钮，即可将转场效果应用到整个视频中。

通过这种简单的操作，用户可以轻松调整转场的时长，使不同视频片段之间的过渡更加流畅和自然。转场时长的调整能够为视频增添动感和节奏感，提升整体视觉效果。

## 8.6　用剪映进行蒙版操作

蒙版类似于一个遮挡工具，它可以覆盖在视频画面上，隐藏或调整特定区域的显示。通过应用蒙版，可以将不希望展示的画面部分变为透明或半透明，以突出想要呈现的内容，提升整体视频的视觉质感。简而言之，蒙版就像一块可以放置在画面上的遮挡板，帮助用户更好地控制和优化视频的视觉效果。

### 8.6.1　添加蒙版

尽管蒙版和常规的选区有相似之处，但它们之间存在明显的区别。蒙版的独特之处在于其能够保护所选区域，使其免受其他编辑操作的影响和修改，同时允许对选区之外的部分进行自由的操作和调整。因此，蒙版在视频剪辑中扮演着重要的角色，并被广泛视为一种常用的特效功能，可以帮助剪辑师实现各种创意和视觉效果。

第一步，点击"开始创作"并导入要编辑的视频素材。然后，点击左下角的"剪辑"选项，以进入剪辑界面。

第二步，在剪辑界面的底部工具栏中，找到并点击"蒙版"选项，如图 8.45 所示。这将展示六种蒙版模式供用户选择：线性、镜面、圆形、矩形、爱心和星形。浏览并选择适合的一种蒙版模式。

第三步，观察视频画面，确定需要遮挡或淡化的区域。例如，如果百合花后面的背景显得杂乱，用户可以选择使用蒙版进行遮挡或淡化。在这种情况下，点击蒙版选项中的"圆形"模式。

第四步，调整蒙版的位置和大小，使其覆盖想要遮挡或淡化的区域。用户可以通过拖动蒙版来调整其位置，并使用双指缩放来调整蒙版的大小。

最后，点击右下角的"√"按钮，以应用蒙版效果。用户还可以调整蒙版的透明度和羽化程度，以达到更自然的效果，如图 8.46 所示，完成后，用户可以预览视频并导出作品。

图 8.45　"蒙版"按钮　　　　　　　　图 8.46　调整参数

### 8.6.2　蒙版操作

除了简单地添加蒙版,还可以运用各种技巧,如移动、旋转和反转蒙版,来充分发挥蒙版功能的潜力,从而使得这一特效在应用中更加出色和精细。

#### 8.6.2.1　移动蒙版

在手机版剪映中,移动蒙版可以帮助用户轻松改变选区的位置,从而更好地聚焦于想要展示的画面。这个过程非常简单和便捷。

假设用户已经成功添加了一个圆形蒙版,现在用户想要将它移动到左上角。下面是用手机版剪映进行操作的具体流程:

第一步,在剪辑界面找到添加的圆形蒙版。

第二步,用一根手指轻轻点击圆形蒙版内部的黄色边框。用户会注意到,在点击时,边框会变成可拖动状态。

第三步,按住手指,并向上或向左拖动蒙版,直到满意的位置。可以自由地将其移动到屏幕的任何位置,包括左上角。

第四步，当用户觉得位置合适时，松开手指，蒙版就会停在选择的位置上。

#### 8.6.2.2 旋转蒙版

在手机版剪映中，旋转蒙版功能特别适用于非圆形蒙版，如矩形蒙版。通过旋转蒙版，可以为视频添加创意和独特的视觉效果。下面是使用矩形蒙版并应用旋转功能的操作流程：

第一步，按照常规的添加蒙版流程，选择并添加矩形蒙版到视频中。

第二步，在矩形蒙版上，使用两根手指同时触摸选区内部。两根手指的触摸会激活旋转功能。

第三步，向上或向下转动手指，以旋转选区。用户可以根据需要选择合适的旋转角度，角度范围在 0～360° 之间。

第四步，当达到满意的旋转角度时，松开手指，蒙版将固定在选择的位置上，如图 8.47 所示。

使用蒙版功能时，要根据视频内容和情境，选择合适的蒙版形状和旋转角度，以达到预想的创意效果。

图 8.47　旋转参数设置

### 8.6.3　蒙版调整

除了基本的移动、旋转和反转功能，蒙版还提供了更多的调整选项，如调整大小、羽化值和边角弧度，这些功能可以进一步增强蒙版的效果。通过对这些参数的精细调整，剪辑师可以创造出丰富多样的视觉效果，提升视频的质量和观感。

#### 8.6.3.1　调整蒙版大小

调整蒙版大小实际上是调整所选区域的范围，因为在成功添加蒙版后，它通常会以默认的大小比例出现。通过调整蒙版的大小，可以控制蒙版覆盖的区域，从而更好地突出或隐藏视频中的特定部分。这种调整可以帮助用户实现更精确和个性化的编辑效果。

在手机版剪映中，用户会注意到蒙版的上方和右方各有一个带有双箭头的小白色圆点。这些圆点用于调整蒙版的大小，非常方便实用。

如果用户想要改变蒙版的垂直大小，只需使用一根手指轻轻点击上方的白色圆点，然后向上或向下拖动手指即可实现蒙版的放大或缩小。记住，向上拖动会放大蒙版，向下拖动则会缩小蒙版。

同理，如果用户想要调整蒙版的水平大小，只需用一根手指点击右侧的白色圆点，然后向左或向右拖动手指，即可缩小或放大蒙版。请注意，向左拖动会缩小蒙版，向右拖动则会放大蒙版。

这样，用户可以轻松地在手机版剪映中调整蒙版的大小，使其适应视频剪辑需求。通过简单地拖动这些小白色圆点，可以快速自定义蒙版的尺寸，为视频添加独特的视觉效果。

#### 8.6.3.2 调整羽化值

在学习调整羽化值之前，首先需要了解羽化的概念。羽化是一个来自Photoshop（简称为PS）的专业术语，它描述了对选区之外被遮挡的部分进行虚化的过程。通过羽化，可以实现选区内外的画面在视觉上呈现出一种自然过渡的效果。具体来说，当用户从选区内向外看时，羽化使得画面由明亮逐渐变为暗淡；而当用户从选区外向选区内看时，画面则由暗淡逐渐变为明亮。这种渐变效果有助于创造出更加平滑和自然的过渡，提升图像的整体质量。

在手机版剪映中，调整羽化值是一个简单而直观的过程。下面是具体的操作步骤：

第一步，在剪辑界面中找到已经添加的蒙版选区。

第二步，使用一根手指，轻轻点击选区下方的双箭头小白圆点。这个小白圆点是用于调整羽化值的控制点。

第三步，按住手指，向下拖动以增大羽化值。随着用户的拖动，选区外的画面开始逐渐变得模糊和虚化，如图8.48所示。

第四步，在拖动的同时，密切观察选区外的画面变化情况。在达到满意的羽化效果时，松开手指。

第五步，最后，点击右下角的"√"按钮，以应用所做的羽化调整。

调整羽化值，可以使选区内外的画面呈现出自然过渡的效果。要根据视频的内容和需要，调整合适的羽化值，以达到想要的视觉效果。

#### 8.6.3.3 调整边角弧度

调整边角弧度实际上就是使矩形蒙版的四个尖角变得更加圆滑，如图8.49所示，添加矩形蒙版。这项功能可以有效减轻视觉上的尖锐感，让整体画面显得更加柔和和流畅。在将边角弧度调至最大时，矩形蒙版的形状

图8.48 羽化参数设置

将趋近于椭圆，从而呈现出更加自然和优雅的效果。

通过用手指轻触矩形蒙版左上角的白色小圆点，并向左上方滑动，矩形蒙版的四个直角将逐渐变得圆润。调整到满意的圆角程度后，松开手指并点击右下角的"√"进行确认，如图 8.50 所示。值得一提的是，在六种蒙版中，仅有矩形蒙版具备调整边角弧度的功能，这是因为它具有直角特点。

图 8.49　添加矩形蒙版

图 8.50　设置圆角弧度

此外，不同类型的蒙版在实际应用中所具备的调整范围也是有所不同的。线性蒙版只能进行羽化值、旋转角度、大小调整和反转的操作；镜面蒙版则增加了移动位置的功能；圆形蒙版可以实现除调整边角弧度外的所有其他功能；而矩形蒙版则拥有全部的蒙版调整功能；爱心蒙版和星形蒙版都可以进行羽化值、旋转角度、大小调整、反转和移动位置的操作。使用蒙版功能时，需要根据所选的蒙版类型来确定相应的调整范围。

## 8.7　用剪映进行文字添加

在视频中嵌入文字，既可作为旁白形式存在，又能有效地诠释内容，使观众能更深入地理解视频的核心意义，并更容易留下深刻印象。文字的运用能够大幅度提升信息的传递效果，进一步加大视频的传播力度，从而影响更广泛的受众群体。总之，文字的巧妙运用可以为视频增添丰富的层次感和深度，是提升视频质量和影响力的重要手段之一。

### 8.7.1 文字基础操作

有些人或许觉得在视频里加文字只是简单地添上几行字，但其实剪映的文字功能远不止这些。使用剪映，用户可以随心所欲地调整文字的样式、大小、位置和效果，让文字在视频中呈现出更加丰富多彩的形式。

#### 8.7.1.1 添加文字

为视频加入文字解释不仅可以替代声音，还可避免在安静环境中播放声音而产生的不便，确保视频的观看效果不受影响。用户可以按照以下步骤添加文字：

第一步，打开剪映专业版创作界面，点击界面上方的"文字"选项，如图8.51所示。接着，在弹出的菜单中选择"新建文本"，如图8.52所示。

图8.51 "文字"按钮

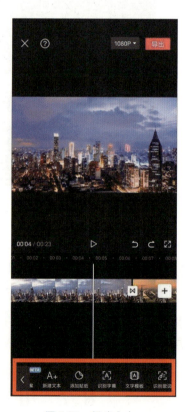

图8.52 新建文本

第二步,将剪辑轨道上的时间线拖动至需要添加文字的时间点。点击界面下方的"+"

按钮，在弹出的选项中选择"默认文本"。此时，右侧的预览窗口中会出现默认文本框，并且在剪辑轨道时间线所在位置也会出现默认文本框。

第三步，点击默认文本框，进入编辑状态。在文本框中输入想要展示的文字内容，如图 8.53 所示。编辑完成后，文字会同时出现在播放器界面和剪辑轨道上，表示已成功添加文字。

以上就是在手机版剪映中添加文字的操作流程。具体的操作步骤可能会因剪映版本或更新而有所不同，建议参考相关教程或帮助文档进行操作。

#### 8.7.1.2 设置文字样式及效果

完成文字添加后，如果发现添加的文字样式和效果不满意，还能够继续调整优化。

具体而言，可在"编辑"菜单下依次点击"文本""字体""颜色""不透明度""预设样式""描边""边框"以及"阴影"进行细致设置，如图 8.54 所示。

图 8.53　输入文字

举个例子，若选择拼音体、红色、100% 不透明度、无预设样式，描边颜色为黄色、粗细为 10，无边框和阴影，设置后的文字效果将非常醒目。

若对之前的文字设置不满意，只需点击文本编辑界面右下角的"重置"，即可将文本一键恢复到默认状态。

另外，剪映在文本样式方面也有丰富选择，包括气泡和花字两大类，每类下又有众多效果供挑选，能满足用户的各种需求。

#### 8.7.1.3 添加文字动画效果

剪映还提供了一种动态文本功能，能够让文字呈现出更加生动的效果，增强视频的视觉冲击力。要使文本更加生动，可以尝试使用"动画文本"功能。具体操作如下。

第一步，点击创作界面上方的"动画"选项，会出现"入场""出场"和"循环"三个动画类别，如图 8.55 所示。每个类别下都有数十种不同的文本动画效果可供选择。

第二步，浏览并选择喜欢的动画效果，点击效果右下角的小箭头进行下载。下载完成后，该动画效果会自动应用于添加的文本中。

第三步，可以调整动画的时长。点击"动画时长"选项，通过点击向上和向下的小三角，或者拖动小白色方块来调整动画的速度。时长越长，动画速度越慢；时长越短，动画速度越快。

第四步，以"入场"类别中的"爱心弹跳"效果为例，如果将"动画时长"设置为 3.0 s，文本将以弹跳的方式渐入屏幕，持续 3 s。

完成以上设置后，用户的文本就会拥有生动有趣的动画效果了。用户可以随时在剪映中预览和调整文本动画的效果，直到满意为止。

图 8.54　文字样式

图 8.55　文字动画

#### 8.7.1.4　调整文字间距及位置

我们注意到，无论是更改文字样式还是增加动画效果时，文字默认出现在画面中间位置的问题始终存在，这在一定程度上降低了画面的整体质量和视觉效果。因此，为了实现更理想的画面效果，需要进一步调整文字的间距和位置。

第一步，进入"编辑"菜单，然后选择"排列"选项。在此界面，可以看到"字间距""行间距"和"对齐"三个调整选项。通过点击"字间距"和"行间距"滑块，可以轻松调整字与字之间、行与行之间的距离。而点击"对齐"选项后，可以选择横向或竖向的对齐方式来调整文字的位置。

第二步，在播放器界面中点击文本框，便可以上下左右移动它，直到找到合适的位置。通常，文本会出现在画面的下方。此外，文本框下方有一个带有旋转箭头的小图标，只需点击它,就可以顺时针360°旋转文本,将其调整到任意角度,如图 8.56 所示。这样就可以轻松优化文字的布局和视觉效果了。

### 8.7.2 识别字幕

识别字幕功能专为含对话的视频设计,能迅速添加字幕,大幅提升视频剪辑效率。在手机版剪映中,识别字幕的操作流程如下。

第一步,导入一段含有对话的视频素材,并点击"文本"选项,选择"识别字幕"功能,如图 8.57 所示。

第二步,将剪辑轨道上的时间线拖动至希望识别字幕的时间段,然后点击上方的"开始匹配"按钮,如图 8.58 所示。如需在识别过程中取消操作,点击"取消"即可。成功识别后,字幕会显示在剪辑轨道中视频的上方,如图 8.59 所示。

图 8.56　文字旋转

图 8.57　识别字幕

图 8.58　开始匹配

图 8.59　识别完成

字幕识别的准确率和成功率取决于视频中的声音质量，如声音嘈杂或吐字不清，可能会影响识别结果。

需注意，在剪辑轨道视频前方的喇叭形状圆点必须处于"关闭原声"状态，以确保字幕能够正常识别。

另外，在"开始匹配"上方有一个"同时清空已有字幕"选项，如不需保留现有字幕，可勾选该选项，新识别的字幕将替换原有字幕，以避免视觉上的混乱。

### 8.7.3 识别歌词

剪映中的识别歌词和识别字幕功能在操作上相似，它们的区别在于使用环境：识别字幕需要视频的音质尽可能清晰，识别歌词则通常在有音乐的环境中使用，因此其识别能力相对更强。识别歌词的操作步骤如下。

第一步，成功导入音乐视频后，轻移时间线至所需识别的歌词段落。

第二步，点击"文本"选项，选择"识别歌词"功能，如图 8.60 所示。

第三步，点击"开始匹配"，如图 8.61 所示。稍等片刻，歌词字幕便会出现在视频上方，如图 8.62 所示。在此过程中，请确保视频前的喇叭形小圆点始终处于"关闭原声"状态，并确保使用的视频素材为中文版本，因为目前手机版的剪映也仅支持中文歌曲视频的歌词识别。

图 8.60 识别歌词　　　　图 8.61 开始匹配　　　　图 8.62 识别完成

### 8.7.4 添加贴纸

贴纸的效果宛如视频中的小惊喜或短暂插曲,为内容增添了趣味性。若欲对某画面或片段表达个人情感或感想,贴纸功能便是一个理想的选择,可以让视频更加生动且富有情感。在手机版剪映中,贴纸功能的操作步骤如下。

第一步,点击创作界面上方的"贴纸"选项,如图8.63所示,用户将看到众多贴纸种类,如主题、情绪、综艺、遮挡等,每种都包含数十种不同的贴纸效果。

第二步,在剪辑轨道上拖动时间线至希望添加贴

图 8.63 添加贴纸

纸的时间段。点击所选贴纸,如图8.64所示,即可将贴纸添加到视频中,如图8.65所示。

第三步,用户可以通过点击贴纸边框四个角的小白圆点来调整其大小,点击边框内部进行位置移动,以及点击边框下方带有旋转箭头的小图标来实现360°旋转。

第四步,点击创作界面右上角的"动画"图标,如图8.65所示,为贴纸设置入场、出场或循环的动画效果。用户还可以通过调整"动画时长"来控制贴纸动画的播放速度,如图8.66所示。

图 8.64 选择贴纸　　图 8.65 添加后效果　　图 8.66 为贴纸添加动画

## 8.8 用剪映进行音频处理

在视频剪辑中，音频处理至关重要。其主要目的是通过添加背景音乐、音效或录音，来提升视频的氛围和观感。同时利用分割、删减、淡化和变声等手段，对音频进行细致调整，确保其流畅、自然。此外，音频处理还能有效降低噪声，使音质更纯净。通过音量均衡处理，确保观众在观看过程中获得最佳的听觉体验。

### 8.8.1 添加音乐

当下流行的视频形势显示，好的视频需要同时满足视觉和听觉效果。精彩视频通常需要有契合的背景音乐来增强情感表达。例如，伤感的音乐配合动人的视频更容易打动人心。在剪映中，添加背景音乐非常简单。用户只需选择合适的音乐文件，然后将其导入剪映的时间线上，调整音乐的起止时间和音量，使其与视频内容完美契合。

#### 8.8.1.1 在乐库中添加音乐

在手机版剪映中，同样提供了丰富的音乐库以满足各种视频场景的背景音乐需求。用户可以轻松选择旅行、美食、美妆、萌宠、游戏等音乐分类，以适应不同情境。添加背景音乐的具体流程如下。

图 8.67　"音乐"按钮

图 8.68　选择类别

第一步，成功导入视频素材后，点击创作界面上方的"音乐"选项，如图 8.67 所示，进入"音乐"页面，如图 8.68 所示。在此页面，可以看到各种音乐风格供用户选择。

第二步，从音乐风格下拉列表中选择合适的风格，例如"纯音乐"，右侧会弹出相应的音乐列表，如图 8.69 所示。浏览音乐列表，点击选中喜欢的音乐下载，如图 8.70 所示，等待下载完成后，点击"使用"按钮即可完成音乐的添加，如图 8.71 所示。请注意，剪辑轨道上的时间线位置决定了音乐的起始点，因此要确保时间线处于用户想要添加音乐的视频片段位置。

图 8.69　下载音乐　　　　图 8.70　"使用"按钮　　　　图 8.71　添加完毕

#### 8.8.1.2　同步抖音中的音乐

手机版剪映除了拥有丰富的音乐库素材，还提供了多种在抖音上热门的音乐素材。这对于那些打算在抖音上发布作品的创作者来说，无疑是一个极大的便利。无需费尽心思去寻找适合的音乐，剪映已经为用户精选了热门且受欢迎的音乐素材，让用户在视频创作中更加轻松自如，具体操作方法如下。

第一步，点击"音频"选项，然后选择"抖音收藏"。在弹出的音乐列表中，浏览并选择合适的音乐，如图 8.72 所示。

第二步，点击右下角的小箭头进行下载，等待下载完成后，点击右下角的"使用"符号，即可将音乐添加到视频中。

#### 8.8.1.3　导入本地音乐

如果剪映的音乐库中没有满足需求的音乐素材，用户

图 8.72　抖音收藏

还可以选择导入本地音乐，如图 8.73 所示。这意味着可以将个人收藏中喜欢的音乐导入到剪映，并轻松添加到视频中，使视频更加个性化。在手机版剪映中，添加本地音乐的流程如下。

第一步，点击"音频"选项，进入"本地"页面。在此页面，点击"导入素材"按钮，浏览本地文件夹，找到并选中自己喜欢的音乐文件。

第二步，点击右下角的"打开"按钮，将选中的音乐导入到剪映中。

第三步，点击导入的本地音乐素材右边的"使用"按钮，即可完成本地音乐素材的添加。

#### 8.8.1.4 通过链接导入音乐

通过链接导入音乐是一种灵活的方式，适用于在剪映音乐库和个人电脑收藏中均未找到合适音乐素材的情况。用户可以通过粘贴抖音或其他平台分享的视频或音乐链接，将外部的音乐资源添加到自己的视频中，如图 8.74 所示，丰富视频的背景音乐选择。通过链接导入音乐的流程如下。

图 8.73　导入音乐

图 8.74　链接下载

第一步，在浏览器中打开百度或其他音乐平台，搜索想要的歌曲（以《无期》为例），点击搜索结果中的歌曲链接，并复制该链接。

第二步，在剪映的创作界面上方点击"音频"选项，选择"链接下载"。在右侧的黑色条框内粘贴刚才复制的音乐链接。

第三步，点击链接后面的小箭头，等待下载完成后，下方会出现已下载的音乐素材。

第四步，点击音乐素材右边的"使用"按钮，即可将音乐添加到视频中。

#### 8.8.1.5 提取视频中的音乐

在手机版剪映 App 中提取视频中的音乐，如图 8.75 所示，然后添加到视频中的操作方法如下。

第一步，导入所需的视频片段至剪映的剪辑轨道。

第二步，在剪辑轨道的视频片段下方，找到并点击"添加音频"按钮。

第三步，在弹出的选项中，选择并点击"提取音乐"。

第四步，点击后，界面将列出用户手机内所有可供提取音乐的视频片段。浏览并选择用户希望从中提取音乐的视频。

图 8.75　提取音乐

第五步，选中视频后，点击"仅导入视频的声音"选项。

第六步，导入完成后，提取的音乐将出现在剪辑轨道上，位于原视频片段的下方。用户可以点击播放按钮进行试听。

这样，就成功地从原视频中提取了音乐，并将其添加到了新的视频中。

### 8.8.2　添加音效、录音

音效和音乐在功能上有明显的区别。音乐可以是完整的歌曲或单纯的乐器演奏，主要用于营造氛围和情感，而音效则主要通过声音来制造特定效果，目的是增强视频场景的真实感或特定气氛。它通常模拟特定的动作、表情或现象的声音，如惊讶时的"啊"声，以提高观众对这些元素的注意力和吸引力。

剪映应用为用户提供了丰富的音效素材选择，涵盖了多个类别，如收藏、综艺、笑声、机械、BGM、人声、转场、游戏、魔法、打斗、美食、动物、环境音、手机、悬疑、乐器、交通、生活、科幻和运动等。每个音效类别下都包含了多种具体的音效模式，为用户提供了广泛的选择空间，以满足各种视频创作需求。这些音效素材可以帮助用户更好地提升视频的质量和吸引力，使观众更加投入和关注视频内容。

在手机版剪映App中，为视频添加音效的操作方法如下。

第一步，导入需要音频处理的视频素材至剪辑轨道。

第二步，点击剪辑轨道上的视频下方的"音频"按钮。

第三步，在出现的选项中，选择并点击"音效"，如图8.76所示。

第四步，浏览并选择与用户视频场景相匹配的音效类别，如图8.77所示。

第五步，在所选音效类别下，选择具体的音效模式。

第六步，点击音效右侧的"使用"按钮添加音效至视频，如图8.78所示。

图8.76 "音效"按钮

图8.77 选择音效

图8.78 添加完毕

若希望在剪映中为视频录制自定义音频，可以执行以下步骤：

第一步，在剪辑轨道的视频下方点击"添加音频"按钮。

第二步，在出现的选项中选择并点击"录音"。

第三步，根据视频场景、主旨和意境，点击"按住录音"上方的红色圆点开始录音。录音内容可以是旁白、歌曲或其他音效，只要与视频内容相契合即可。

第四步，录制完成后，点击右下角的"√"按钮，录音界面将消失，表示录音已完成。这样，用户就可以轻松为视频添加音效或录制自定义音频了。

### 8.8.3 音频操作

在视频制作过程中,音频的处理经常会遇到一些问题,如音乐时长超出视频时长,或者音效选择不合适等。对于这些问题,用户可以通过剪映 App 中的音频编辑工具来解决。例如,可以对音乐进行剪辑,调整其时长以适应视频;对于不合适的音效,可以替换或删除。若录制的音频不理想,也可以选择重新录制。剪映 App 提供了灵活的音频编辑功能,帮助用户轻松应对这些问题,确保视频制作的顺利进行。

#### 8.8.3.1 分割、删除音频

分割与删除音频是视频编辑中的重要步骤,它们能帮助用户精确地调整音频的长度和出现时机。通过这种方式,用户可以确保音频与视频完美同步,既可以让音频整个时长与视频匹配,也能让它只在特定时段出现,或者只留下用户最喜欢的片段。这样就能创造出更加丰富、动态的视频作品,提升观众的观看体验。具体操作流程如下。

导入视频和音频素材,确保音频已成功添加到视频中。

第一步,轻触并拖动音频轨道上的时间线至想要切割的位置。

第二步,点击上方的"分割"按钮,音频将在所选位置被切割成两段,如图 8.79 所示。

第三步,轻触并选中第二段音频,使其处于高亮状态,然后点击上方的"删除"按钮。这样,就只会留下与视频时长相等的第一段音频片段。通过以上操作,可以方便地调整音频长度以适应视频需求。

#### 8.8.3.2 复制音频

在剪辑视频时,若想在同一个视频素材中再次添加相同的音效或音乐,不必重复整个添加流程。手机端剪映 App 提供了便捷的"复制"功能。只需选中已添加的音效或音乐,点击"复制"按钮,如图 8.80 所示,然后将其粘贴到所需位置,即可完成再次添加。这一功能大大节省了时间,提高了视频剪辑的效率。

图 8.79 分割与删除

### 8.8.4 音频调整

对于高质量视频,噪声等音频问题确实会影响整体观看体验。为了提升音频效果,可以采取下面措施。

#### 8.8.4.1 淡化处理

如果添加的音频在开头和结尾处显得仓促或突兀，直接应用可能会降低视频的观看体验。为了解决这个问题，可以采用淡化处理技巧。通过使音频开头淡入和结尾淡出，用户可以平滑过渡音频，降低突兀感，从而提升整体视频的观看效果，如图 8.81 所示。这种处理方式可以有效减少音频不理想部分对视频的影响，使音频更加自然地融入视频中。

图 8.80　复制

图 8.81　淡入淡出

在手机版剪映中，进行音频淡化的操作流程如下。

第一步，轻触剪辑轨道上的音频素材，确保其处于选中状态。

第二步，进入音频调整界面。

第三步，在此界面，找到并点击"基本"选项。

第四步，通过点击淡入时长和淡出时长后面的小三角，或使用手指拖动相应的小白色方块，来调整淡入和淡出的时长。例如，设定淡入时长和淡出时长各为 1 s。

此外，在进行音频淡化处理的同时，也可以对音量进行调节。默认情况下，音量会保持为音频素材的原始大小，即 100%。但为了满足视频剪辑的需求，可以点击音量选项后面的小箭头，或使用手指左右拖动音量后面的小白色方块，来实现音量的放大或减小。这样,就能轻松地对音频进行细致的调整,提升视频的观看体验。

#### 8.8.4.2 变速处理

变速处理是一种调整音频播放速度的技巧,可以使音频素材播放得更快或更慢。根据不同的视频意境,用户可以灵活运用这一功能。例如,在轻松、舒缓的视频中,通过减慢音频的播放速度,可以营造出更加宁静、悠闲的氛围。而在充满激情、节奏紧凑的视频中,加快音频的播放速度则能够更好地配合画面,调动观众的情绪。变速处理为用户的视频剪辑提供了更多的创意空间,可以根据不同情境调整音频节奏,使视频更加生动有趣。

在手机版剪映中,对音频进行变速处理的操作方法如下。

第一步,确保剪辑轨道上的音频素材处于被选中状态。

第二步,进入音频调整界面。

第三步,在此界面,找到并点击"变速"选项,如图8.82所示。

第四步,点击"倍数"后面的向上或向下小三角,或者使用手指拖动小白色方块来调整播放速度。向上拖动或点击小三角可以提高播放速度,使音频播放更快;向下拖动或点击小三角可以降低播放速度,使音频播放更慢。

值得注意的是,随着播放速度的提高,音频的播放时长会相应缩短;而随着播放速度的降低,音频的播放时长会延长。

如果想要在提高播放速度的情况下保持音频的时长不变,可以点击音频素材后面的白色竖条,并向右拖动至所需的时长位置。这样,就可以在保持时长不变的同时,调整音频的播放速度,适应不同视频剪辑的需求。

图 8.82 变速

#### 8.8.4.3 声音效果

在手机版剪映中,如果对原有音频素材的声音效果不满意,可以进行变声处理,操作步骤如下。

第一步,确保剪辑轨道上的音频素材处于被选中状态。

第二步,进入音频调整界面。

第三步,在界面中找到并点击"声音效果"选项。剪映提供了多种声音效果供选择,可以根据需要选择合适的声音效果,如图8.83所示。

第四步,通过应用可以为音频素材增添趣味或创造特殊效果,提升视频的创意和吸引力。

#### 8.8.4.4 节拍处理

在手机端剪映 App 中,音频处理可以进一步深入,其中踩点处理是一种常用的技巧,可以使视频画面与音频节奏同步,增强视听效果。具体操作步骤如下。

首先,轻触添加到剪辑轨道上的音频素材,使其处于被选中状态,这时下方会自动显示出"节拍"选项,如图 8.84 所示。点击"节拍",便会弹出节拍界面。在此界面上,可以选择"自动踩点"功能,如图 8.85 所示,提供"踩节拍Ⅰ""踩节拍Ⅱ""踩旋律"三种模式供选择。选择一种模式后,如果音频素材上出现了间距不等的小黄色圆点,即表示踩点成功。点击右下角的"√"按钮,即可成功应用踩点设置。

图 8.83　声音效果

图 8.84　节拍

图 8.85　自动踩点

此外,踩点界面还提供了"+添加点"选项,用于手动踩点。在不选择自动踩点的情况下,可以通过拖动时间线到想要踩点的位置,然后点击"+添加点"来手动添加黄色小圆点。如果需要删除某个踩点或调整踩点的位置,只需将时间线重新移动到黄色小圆点的上方,当"+添加点"变为"-删除点"时,点击即可删除该踩点。完成设置后,同样需要点击右下角的"√"按钮。这样,就可以通过踩点处理来精准地调整视频画面与音频节奏的同步,提升视频的观感和吸引力。

#### 8.8.4.5 降噪处理

降噪处理旨在让音频更加清晰、干净,除去背景噪声。该操作非常简单:在视频和音频素材都已添加到剪辑轨道后，点击下方的"剪辑"选项。在弹出的多个选项中，向左滑动直至找到"降噪"并点击。接着，在降噪界面上，只需点击"降噪开关"即可启动自动降噪处理，如图 8.86 所示。完成后，点击右下角的"√"按钮即可成功应用降噪效果。

#### 8.8.4.6 原声处理

在手机版剪映中，原声处理的主要目的是确保新添加的音频素材的音质不受视频原有的音乐或音效等音频素材的干扰。要实现这一点，只需轻触已成功添加到剪辑轨道上的视频素材前方的"关闭原声"选项，如图 8.87 所示，即可将视频素材中的所有声音关闭。如果需要重新开启原有声音，只需再次点击"开启原声"，视频素材中的原有声音便会重新恢复。关闭原声并不会删除原声，只是暂时将其关闭，方便用户对视频素材的音效进行控制。

图 8.86　降噪

图 8.87　关闭原声

## 8.9　用剪映进行特效制作

视频特效是一种通过技术手段制造出来的假象和幻觉。与音效相似，视频特效可以模拟各种动作或现象，并将其融入视频中，从而营造出更加扣人心弦的视觉效果。

这种技术不仅可以增强视频的视觉冲击力，更能够激发观众的想象力和创造力，让人们沉浸在更加丰富多彩的视频世界中。视频特效的运用范围十分广泛，无论是在电影、电视剧、广告还是网络短视频中，都可以通过添加特效来制造出更加生动、逼真的场景和情节，为观众带来震撼的视听体验。

### 8.9.1 特效操作

剪映提供了丰富的视频特效选择，既包括基础特效，如鱼眼、聚光灯、手电筒等，又涵盖了动感、复古、氛围、漫画等多种流行特效类型。每种特效还细分为数十种具体效果，为用户提供了广泛的创作空间。无论是制作转场效果、动感炫光，还是追求好莱坞大片级的特效，剪映都能满足需求。用户可以自由搭配、发挥创意，并通过一键渲染功能，迅速为视频添加令人惊艳的视觉效果，营造出流行酷炫的氛围。

#### 8.9.1.1 添加特效

随着视频时代的到来，用无人机航拍素材来制作视频已变得司空见惯。但很多时候，用户渴望为这些视频增添些特效，使其更具吸引力。现在，即使用户不在电脑前，也能轻松实现这一愿望。只需打开手机版剪映，选择想编辑的视频，然后从丰富的特效库中选择心仪的效果。无论是转场、滤镜还是动态文字，都能让用户的视频焕然一新。

简单几步操作，就能让普通的视频变得与众不同，充满创意。

首先，导入想编辑的视频素材并确保它已成功添加到剪辑轨道上。

然后，轻触创作界面上方的"特效"选项，如图8.88所示，再选择"特效效果"如图8.89所示。

在此，用户会看到各种特效效果，从中挑选出喜欢的并点击。

接下来，在更具体的特效效果列表里，选择用户认为合适的特效，如图8.90所示。点击选中特效，这样就可以将选中的特效添加到视频中了。

#### 8.9.1.2 删除特效

在手机版剪映中，如果对已添加的特效不满意，可以轻触已添加的特效以选中它，然后点击上方的"删除"按钮，即可迅速移除该特效。这样，用户就可以重新选择并添加其他特效了。

图8.88 "特效"选项

图 8.89　"特效"选项二　　　　图 8.90　选择特效

### 8.9.1.3　新增特效

在手机端剪映 App 中，为视频添加多种特效变得异常简单。无须像在 PC 端剪映专业版那样反复执行"添加特效"的步骤，只需通过一键操作，便可轻松为视频应用多种特效，从而大大提升了视频编辑的效率。在手机版剪映中，新增特效步骤如下。

第一步，成功导入视频素材。

第二步，点击底部菜单中的"特效"选项，特效界面便会自动展现。在此界面，用户可以浏览并选择适合的特效效果。

第三步，轻触中意的特效，然后点击右上方的"√"确认选择。

此后，若想为视频增加更多特效，只需点击已添加的特效以取消选中状态，这时底部会出现"新增特效"选项。点击"新增特效"，再次进入特效界面并选择想要的特效效果，然后点击右上方的"√"完成添加。这样，用户就可以将多种特效自由组合，为视频营造出更加独特和吸引人的视觉效果。

### 8.9.1.4　复制特效

在手机版剪映 App 中，复制特效功能为用户提供了极大的便利。当用户已经成功

图 8.91　复制特效

为视频添加了特效并处于特效编辑界面时，只需轻触选中想要复制的特效，然后点击下方的"复制"选项，该特效便会被迅速复制并应用到视频素材中，从而实现了同一特效的快速添加，如图 8.91 所示，大大提高了视频编辑的效率。

#### 8.9.1.5　替换特效

在手机版剪映中，替换特效也变得尤为简单。只需点击已添加的特效，使其处于选中状态，然后轻触下方的"替换特效"选项。这时进入特效选择界面，在这里用户可以重新浏览并选择适合的特效。一旦找到满意的特效，点击右上角的"√"确认选择，即可完成特效的替换。这一流程无需删除再添加，使得视频编辑更加高效便捷。

### 8.9.2　特效调整

无论是添加、复制还是替换特效，操作完成后，特效通常都会从时间线所在位置开始应用，仅作用于特定视频片段或对象，而非整个视频。这种局限性有时可能会让用户在使用特效功能时感到不便。用户应该如何处理呢？

#### 8.9.2.1　调整特效时长

在手机版剪映中，特效的时长同样可以进行调整，使其能够作用于更长的视频片段或整个视频。只需轻触已添加的特效，然后拖动特效片段前端或后端的小白条，即可轻松调整特效的时长，如图 8.92 所示。以"分屏"特效中的"四屏"为例，如果将特效应用于整个视频，无论时间线如何移动，每个时段的画面都将呈现四屏效果。若缩短特效时长并仅应用于某个视频片段，那么只有当时间线经过该特效所在的时间段时，画面才会显示四屏效果。

#### 8.9.2.2　调整特效作用对象

在手机版剪映 App 中，用户可以轻松调整特效的作用对象，这是其独特的功能。只需点击已添加的特效片段，让它处于选中状态，接着点击下方的"作用对象"选项，作用对象界面便会自动展现，如图 8.93 所示。在这个界面，用户可以选择想要应用特效的对象，无论是全局还是主视频。用户轻触选择，然后点击右下角的"√"确认，特效便会根据用户的选择应用到相应的对象上。

第8章
无人机航拍移动端剪映的后期处理

图 8.92　调整时长　　　　　　图 8.93　作用对象

## 思考与练习题 8

1. 在移动端使用剪映进行视频剪辑时，综合运用素材处理、画面调整、转场设置、蒙版操作、文字添加、音频处理和特效制作等功能，以创作出一个既具有创意又能吸引观众注意力的短视频作品。请结合具体实例或场景说明你的创作思路和步骤。

2. 假设你是一名旅游博主，计划制作一个关于城市夜景的短视频。请使用剪映的功能，描述你将如何对视频素材进行处理，以展现城市夜景的魅力和氛围。

# 第 9 章
# 无人机飞行安全
CHAPTER NINE

▶ 内容提示 ▶

  本章节全面探讨了无人机在飞行过程中的安全隐患、监管措施以及反无人机方法。通过本章的学习,学生将能够全面了解无人机飞行安全的重要性和应对策略,从而能安全使用和管理无人机。

▶ 教学要求 ▶

  (1)了解无人机飞行安全隐患;
  (2)熟悉无人机安全应对措施;
  (3)了解无人机监管要求和现状;
  (4)培养综合分析和解决问题的能力。

▶ 内容框架 ▶

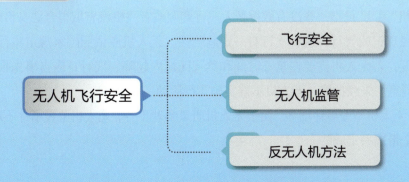

## 9.1 飞行安全

无人机飞行安全是指在无人机的操作过程中,确保人员、设备、环境以及公共安全免受潜在伤害或损失的原则和措施。随着无人机技术的迅速发展和广泛应用,无人机技术已经进入了人们的工作和生活,并广泛地应用于农业、电力石油、检灾、林业、气象、国土资源、警用、海洋水利、测绘、城市规划等多个行业(见图9.1),对基础生活领域产生了深远影响。然而,随着无人机的广泛应用,无人机飞行安全问题日益凸显,成为行业关注的焦点,其引发的安全威胁也日益凸显,尤其是在军事要地、边境、港口、监狱、化工厂、机场、体育馆、核电站、别墅区、公共场所和靶场等敏感区域,安全隐患不容忽视。

图9.1 无人机图示

### 9.1.1 无人机存在的安全隐患

(1)"黑飞"现象普遍。多数无人机未经许可擅自飞行,容易引发安全事故。

无人机"黑飞"是指一些没有取得私人飞行驾照或者飞机没有取得合法身份的飞行,也就是未经登记的飞行,这种飞行有一定危险性。无人机应依照国家规定实行实名登记管理制度,若无人机需要在禁飞时间和禁飞区域内起降、飞行,应当事先报经飞行管制部门同意。未经批准,无人机不得实施飞行活动。

(2)无人机坠毁事件增多。由于无人机质量参差不齐,无人机坠毁事件不断增多,给社会安全带来一定威胁。

2017年杭州西湖无人机失控，旋翼割破游客眼球。同年5月，重庆江北机场遭遇无人机干扰近4 h，致使140余次航班无法正常起降；2018年，北京一无人机失控坠落，1岁男童头部受伤严重；2019年9月，郑州一公交车行驶过程中，无人机从天而降追尾公交车；2021年初，西安无人机坠落行车道，一男子驾车中险被砸中。

除此之外，在无人机普及率较高的地区，也发生了多起因操作不当或机械故障导致的无人机坠机事故。这些事故给人们的生命财产安全带来了威胁（见图9.2）。

（3）擅自飞行拍摄或导致泄露国家秘密。无人机擅自飞行、拍摄并发布涉及政府及部队的照片，有泄露国家秘密的嫌疑。

图9.2　无人机坠机

无人机未经授权擅自进行飞行拍摄活动，并可能将涉及政府及部队的照片发布到公共平台或其他渠道，可能涉嫌泄露国家秘密。这不仅违反了相关法律法规，还可能对国家安全和利益造成严重威胁。近年来，因未经许可放飞民用无人机并对社会造成危害的新闻事件屡见不鲜（见图9.3）。

图9.3　无人机泄密

据报道,某地一男子使用无人机在军事禁区附近进行航拍,并将照片上传至互联网。该行为被当地军方发现后立即制止,涉事男子也被警方控制。

从这个事件可以看出,未经授权的无人机飞行和拍摄是可能导致泄露国家秘密的违法行为。因此,用户应该遵守相关法律法规,不得擅自飞行拍摄涉及国家安全或机密的区域或设施,以确保国家安全和社会稳定。

(4)无人机飞行限制区域(见图9.4)主要包括以下几个方面。

图9.4　无人机禁飞区域

1)机场和铁路等敏感地区。无人机在这些地区上空飞行可能会对航空安全和交通运输造成严重影响,因此应禁止无人机在这些区域飞行。

2)行政机构驻地和军事区域。无人机在这些地区上空飞行可能泄露国家机密和危及国家安全,因此也是禁止飞行的区域。

3)禁飞区域。一些特定的场所,如监狱、看守所、拘留所、戒毒所等监管场所上空也是禁止无人机飞行的。

4)人群密集地。无人机在人群密集地上空飞行可能会对公众安全造成威胁,因此一般也不建议在这些地方飞行。

5)高压线、基站、发射塔等地。无人机在这些地方飞行可能会受到不同程度的干扰,影响飞行安全。

(5)无人机避障技术的缺陷主要包括以下几点。

1)对细小障碍物的检测识别能力受限。无人机对细小障碍物如风筝线、电线、树枝以及透明的玻璃、水面等的检测识别能力有限,这可能导致撞击事故。

2）夜间或低光环境下的避障效果受限。无人机避障系统通常依赖光学传感器或红外传感器来检测障碍物。在夜间或低光环境下，由于光线不足，避障系统的性能可能受到影响，无法准确识别障碍物。

3）复杂环境下的避障效果不稳定。在密集的建筑区域、高压线等金属建筑物附近或有强磁场的环境中，无人机避障系统可能受到干扰，导致避障效果不稳定甚至失效。

4）高速飞行时的避障反应时间不足。无人机在高速飞行时，由于需要更快的反应时间来避开障碍物，避障系统可能无法及时做出正确的判断和动作，导致碰撞风险增加。

5）对动态障碍物的避障能力有限。无人机避障系统在面对动态障碍物（如行驶中的汽车、行人等）时，由于障碍物的移动速度和方向的不确定性，避障效果可能受到影响。

6）成本和能耗问题。为了实现高效且稳定的避障功能，无人机需要搭载高性能的传感器和处理器，这可能导致成本增加和能耗提高。

（6）人群聚集围观。无人机容易吸引人群聚集围观，可能影响飞手的操作和判断，从而威胁他人人身安全。

无人机的出现可能会引起一些人的恐慌和不安，特别是在没有提前通知或解释的情况下。这可能会导致人群的混乱，甚至引发更严重的安全问题。特别是在人群密集的地方，如果无人机失控或者操作不当，可能会对人群造成撞击、划伤等伤害。

（7）复杂电磁场干扰。在密集的建筑区域、高压线等金属建筑物附近或有强磁场的环境中，无人机指南针容易出现异常，导致飞行姿态不稳、向四周漂移等。复杂电磁场对无人机飞行的影响主要体现在以下几个方面。

1）干扰无人机的导航系统。无人机通常依赖卫星导航系统进行定位。然而，复杂电磁场中的电磁干扰可能导致卫星信号失真或丢失，使无人机的导航系统受到严重影响。

2）失控风险增加。电磁干扰可能导致无人机的控制系统出现故障，使无人机失去稳定飞行的能力。这种情况下，无人机可能出现失控、偏航或其他飞行异常，增加撞机、坠机等风险。

3）通信中断。无人机与控制站之间的通信可能受到复杂电磁场的干扰，导致通信中断。这将使控制站失去对无人机的控制，无人机可能无法接收指令或发送状态信息。

4）数据传输错误。复杂电磁场中的电磁干扰可能导致无人机传感器数据传输错误。这可能导致无人机获取的环境信息不准确，影响飞行决策和安全。

5）电池性能下降。电磁干扰可能对无人机的电池性能产生影响，导致电池续航时间缩短或充电效率降低。这将影响无人机的续航能力，限制其执行任务的时间和范围。

（8）夜间飞行风险。

夜间能见度低，避障功能在夜间无法生效，无人机飞行容易产生安全隐患。

1）视线受限。夜间能见度低，操作员可能无法准确判断无人机的飞行状态和周围环境，增加了飞行的不确定性和风险。

2）避障能力下降。无人机在夜间的避障能力可能受到影响，因为许多避障系统依赖光学传感器或红外传感器来检测障碍物，而在夜间或低光环境下，这些传感器的性能可能受到影响。

3）飞行稳定性下降。夜间飞行时，无人机可能受到风、气流等外部因素的影响更大，导致飞行稳定性下降，增加了飞行失控的风险。

4）灯光干扰。夜间城市的光污染可能会对无人机的导航和控制系统产生干扰，导致无人机偏离预定航线或出现异常行为。

### 9.1.2 安全应对措施

为了防止无人机在飞行过程中出现安全问题，应该注意以下几个方面，谨慎飞行。

（1）遵守飞行法规。确保无人机合法飞行，避免"黑飞"现象。

1）遵守飞行法规。了解并遵守当地无人机飞行的相关法规和安全规定。确保无人机合法注册、具备适航证和遵守飞行限制。

2）教育和培训。提高无人机操作者的安全意识和法规意识。通过参加培训课程和了解飞行规则，操作者可以更好地掌握飞行技能和应对策略。

3）使用无人机管理平台。利用无人机管理平台进行飞行计划申报和监控。这些平台可以提供飞行区域的限制信息、飞行高度限制和安全警示，帮助操作者做出明智的决策。

（2）选择质量可靠的无人机。购买无人机时选择质量可靠的无人机需要考虑多个因素。

1）品牌信誉。选择有良好品牌声誉的无人机制造商，这些制造商通常拥有更好的质量控制和售后服务。

2）硬件质量。检查无人机的硬件组件，如电机、电池、遥控器、GPS等，确保它们的质量和可靠性。

3）软件系统。确保无人机的软件系统是最新版本，并具有稳定性和安全性。

4）用户评价。查看其他用户的评价和反馈，了解无人机的性能、易用性和可靠性。

5）价格因素。虽然价格不一定与质量成正比，但通常来说，价格较高的无人机通常具有更好的性能和更可靠的质量。

6）售后服务。了解制造商的售后服务和保修政策，以确保在需要维修或更换部件时能够得到及时的支持。

7）安全特性。选择具有安全特性的无人机，如避障功能、自动返航功能等，这些特性可以帮助减少安全风险。

8）质量和尺寸。根据个人需求和使用场景，选择适当质量和尺寸的无人机，以确保其便携性和易于操作。

（3）增强保密意识。增强无人机保密意识是保障无人机安全使用的重要一环。强化保密法律法规学习，严格控制无人机使用范围，避免在禁止或限制飞行区域进行航拍，同时也要防止对国家安全和军事机密等敏感信息的泄露。对无人机的航拍数据进行加密处理，并采取其他必要的信息保密措施，防止数据泄露和被非法获取。尽量避免将无人机交给未经授权的人员使用或接触，同时也要防止无人机被盗或遗失。

定期对无人机的使用和管理情况进行检查，及时发现并纠正存在的安全隐患和保密漏洞。加强相关人员保密意识和技能培训，提高其对无人机保密工作的认识和防范能力。只有提高相关人员的保密意识，才能有效保障无人机的安全使用和数据的保密性。

（4）了解飞行区域限制。在规定的飞行区域内进行飞行，避免侵入禁飞区，尽量避免在以下风险较高的区域飞行。

1）机场。无人机和飞机都需要通过无线电信号进行操控和通信，如果无人机的信号干扰了飞机的信号，可能会导致飞机失去控制或出现其他安全问题。此外，无人机在飞行过程中可能与正在起飞、降落或巡航的飞机发生碰撞，导致严重的安全事故（见图9.5）。

2）高楼林立区域。无人机通常依赖GPS卫星定位进行飞行，但在高楼林立的区域，大楼的玻璃幕墙会反射GPS信号，造成定位不准确甚至错乱。此外，城市中密集的路由器、信号塔等设备也会干扰无人机的图传和信号接收，使无人机出现乱飞、不受控制的情况（见图9.6）。

图9.5 机场

图 9.6 城市高楼林立区域

3）树林。树木的高度和密度会限制无人机的飞行高度和空间，使无人机难以在树林中自由飞行。无人机可能会与树枝、树叶等障碍物发生碰撞，导致损坏或失控。无人机在树林中失控或坠毁也可能引发火灾等安全问题（见图9.7）。

图 9.7 树林区域

4）高压线。高压线路周围的强电磁环境对无人机遥控信号干扰较大，无人机容易发生飞行事故，导致线路放电、打火，甚至引发线路短路、跳闸等故障，对电力线路的安全稳定运行造成严重影响。此外，高压线不容易在飞行屏幕中被人眼识别，也不容易被无人机避障系统识别，无法进行有效飞行规避（见图9.8）。

图9.8　高压线区域

5）强风区域。无人机飞在天上，靠的是螺旋桨带动的下沉气流产生的推力飞行的，其在飞行过程中需要保持稳定的姿态和高度。强风会对无人机产生较大的空气动力和扰动，使其受到强烈的气流影响，导致飞行稳定性下降。无人机可能会出现晃动、偏离航线、高度变化等情况，难以保持稳定的飞行状态。基本上无人机机身尺寸越大，动力系统储备越高，抗风能力就越强。但是要抵消风的影响，要消耗更多的电力，续航时间会大大缩短。

6）水面。水面不适宜无人机飞行（见图9.9）。一是视觉定位受干扰。无人机通常依赖视觉定位系统进行飞行。然而，当无人机贴近水面飞行时，其下方的视觉定位系统可能会受到水面波动、反光等干扰，导致其无法准确工作。这种干扰会使无人机的定位精度受到影响，增加飞行中的不确定性和风险。二是超声波信号吸收。无人机在飞行过程中会使用超声波传感器来测量高度。然而，水面可能会吸收无人机发出的超声波信号，导致高度测量不准确。当无人机在紧贴水面飞行时，可能会出现高度显示不准确的情况，导致无人机意外降落或触水。因此，为了保证无人机的飞行安全和稳定，建议在飞行时避免贴近水面。如果确实需要在水面附近执行任务，操作员应格外小心，并随时准备采取应对措施以应对可能出现的异常情况。

图9.9 无人机飞行在水面区域

图9.10 无人机测绘泄密

图9.11 民宅区域

7）政府或军队附近。政府和军队通常涉及高度机密的信息和活动。无人机的飞行可能会对这些敏感区域进行窥视或拍摄，导致机密信息的泄露，对国家安全构成威胁，或干扰其正常的运营和工作秩序（见图9.10）。

8）人群聚集的地方。无人机在人群聚集的地方飞行容易引发安全事故。从安全隐患上看，一方面，无人机可能会因技术故障从高空坠落，造成人员伤亡、财物损失等后果；另一方面，无人机与其他飞行器存在碰撞风险，如与民航飞机或直升机相撞，将造成严重的后果。在隐私保护方面，无人机在人群聚集的地方飞行可能会侵犯他人的隐私权。无人机配备了先进的摄像设备，可以在空中对地面进行高清晰度的拍摄。如果在人群聚集的地方飞行无人机，可能会拍摄到他人的肖像、住所等信息，侵犯他人的隐私权（见图9.11）。在公共秩序方面，在人群聚集的地方飞行无人机可能会扰乱公共秩序，引发公众不满和恐慌。特别是在公共集会、演唱会等场合，无人机在低空飞行可能会干扰秩序，引发人群骚动和恐慌，导致意外事件的发生。不仅如此，无人机在人群聚集的地方飞行可能会触犯相关法律法规。根据《无人驾驶航空器飞行管理暂行条例》（见附录），无人机的飞行应当遵守有关法律法规和飞行管制部门的指令，确保飞行安全和公共安全。如果无人机在人群聚集的地方飞行，可能会被视为违反相关法规，导致法律责任的承担。

因此，为了保障安全和履行法律责任，避免公众不满和侵犯隐私权等问题，应当避免在人群聚集的地方飞行无人机。在选择合适的飞行场地时，应确保场地安全、宽敞、无障碍物，并遵守相关法规和规定，以确保无人机的安全使用和公众安全。

9）手机基站附近。无人机不能在手机基站附近飞行的主要原因是信号干扰。手机基站会发射无线电信号，与无人机的遥控信号可能产生干扰。这种干扰可能导致无人机与地面之间的遥控信号不稳定，甚至失去联系。如果无人机在飞行过程中突然失去控制，可能会坠落或飞入禁飞区域，造成安全隐患。此外，手机基站的位置通常较高，无人机在基站附近飞行可能会因信号遮挡或干扰而失去控制。

为了确保无人机的安全飞行和公众安全，避免在可能存在信号干扰的区域飞行是非常重要的。在选择飞行场地时，应确保场地安全、宽敞、无障碍物和没有手机基站等无线电发射设备，以避免潜在的信号干扰和安全隐患（见图9.12）。

图 9.12　基站等信号干扰区域

10）很多人放风筝的地方。放风筝的地方通常在空旷的户外场所，可能会有大量的风筝在天空中飞行。无人机与风筝之间可能存在碰撞风险，特别是在风筝线与无人机相交时，可能会对无人机造成严重的损坏或对放风筝的人造成伤害。在大量放风筝的地方，风筝线也可能会对无人机的遥控信号产生干扰，导致无人机失去控制或无法正常飞行。这种干扰可能会导致无人机坠落或飞入禁飞区域，带来安全隐患。在很多地方，放风筝是受到限制的，特别是在一些重要的公共场所或限制飞行区域。在这些地方飞行无人机可能会违反相关法规和规定，须承担法律责任。

11）钢筋混凝土地面。不能在钢筋混凝土地面附近飞行无人机的主要原因是电磁干扰。钢筋混凝土结构会产生电磁干扰，这可能会影响无人机的遥控信号和 GPS 信号，导致无人机失去控制或无法准确导航。这种干扰可能会使无人机无法稳定地起飞、飞行或降落，从而带来安全隐患。此外，钢筋混凝土结构还可能对无人机的传感器和摄像头产生干扰，影响无人机的感知和避障功能。这可能会导致无人机与障碍物碰撞或飞入禁飞区域，造成安全隐患和财产损失（见图9.13）。

图9.13　钢筋混凝土区域

12）铁塔。铁塔和上面的钢筋混凝土都会对无人机的遥控信号和导航系统产生干扰。这些金属物件会干扰无人机的电子罗盘（指南针）工作，导致无人机失去正确的方向感知和导航能力。同时，铁塔本身是一个高大的建筑物，可能会遮挡无人机的信号接收，进一步影响无人机的正常飞行。如果发现无人机在铁塔等金属建筑物附近飞行时受到信号干扰，应尽快远离该区域，确保无人机的安全。

13）铁矿。铁矿作为一种金属矿物，会对其周围的电磁场产生干扰，从而影响无人机的遥控信号和导航系统。这种干扰可能导致无人机失去控制或无法准确导航，从而带来安全隐患。此外，铁矿还可能存在磁场异常现象，这也会对无人机的传感器和摄像头产生干扰，影响无人机的感知和避障功能，造成安全隐患和财产损失（见图9.14）。

图 9.14　矿山区域

（5）注意观察飞行环境。飞行时要注意观察周围环境，避免撞击障碍物（见图 9.15）。

图 9.15　通过飞控显示屏观察周围环境

使用无人机控制系统或手机 App 实时监控无人机的飞行状态，包括高度、速度、航向等。确保无人机在预设的航线内飞行，并及时调整飞行参数，以确保安全。

（6）保持安全距离。在人群密集区域内飞行时，要保持安全距离，避免人群聚集围观。

（7）远离指南针干扰源。在飞行前检查无人机指南针是否正常，无人机操作员也需要在飞行前对电磁环境进行评估，确保无人机在安全的电磁环境中飞行，可以加强电磁屏蔽，优化无人机控制系统，提高通信系统的抗干扰能力等。

（8）谨慎夜间飞行。尽量避免夜间飞行，如确需夜间飞行，要做好充分准备并确保安全。①可使用高亮度LED灯。在无人机上安装高亮度LED灯，提高其在夜间的可见性，有助于操作员更好地判断无人机的飞行状态。②选择合适的飞行场地。在夜间飞行时，尽量选择远离高楼大厦、高压线等障碍物的开阔场地进行飞行，降低碰撞风险。③增强避障系统性能。通过升级避障系统硬件或优化算法等方式，提高无人机在夜间或低光环境下的避障能力。④加强飞行稳定性。通过使用更先进的飞控系统、优化无人机结构等方式，提高无人机在夜间飞行的稳定性。

## 9.2　无人机监管

无人机是信息时代高科技产品的代表，已成为全球各国加强国防建设和加快信息化发展的重要标志。许多发达国家和新兴工业国家都非常重视无人机的研究、发展和应用。目前，除了在军事领域得到广泛应用，无人机在警用、气象、农林、勘探等民用领域也发挥着重要作用。世界上的无人机发展先进国家都将其作为推动新兴产业发展、满足社会经济活动需要的重要手段和重点选择（见图9.16）。

国外在民用无人机发展方面已经取得了一些显著的进展。美国国家航空航天局（NASA）设立了无人机应用中心，专注于无人机的各种民用研究，并与美国海洋与大气局合作，利用无人机进行天气预报、地球变暖和冰川消融等科学研究。2012年2月14日，时任美国总统奥巴马签署了《2012联邦航空管理局（FAA）现代化与改革法》，该法案的核心内容是开放空域以供民用无人机使用，从而促进

图9.16　无人机在农业的应用

无人机技术的进一步发展与应用。以色列是全球范围内无人机设计制造技术最先进的国家之一，已经成立了一个民用无人机及其工作模式的试验委员会，并在2012年举办了国际无人机系统协会展会。英国已经向130多家企业和政府机构颁发了许可。目前，日本拥有2 000多架已注册的农用无人直升机，操作人员超过14 000人，成为世界上使用农用无人机喷药的第一大国。

### 9.2.1　无人机监管要求

各国对无人机监管的要求因国家而异，以下是一些常见的无人机监管要求。

（1）注册和许可。很多国家要求无人机进行注册和许可。无人机所有者需要在相关机构进行注册，并获得唯一的标识符或许可证。这有助于追踪和管理无人机的使用（见图9.17）。

图9.17　中国无人驾驶航空器飞行管理暂行条例

（2）操作员资质。某些国家要求无人机操作员持有特定的资质或许可证。操作员可能需要通过培训、考试或认证，以证明他们具备安全操作无人机的知识和技能。

（3）飞行限制。各国对无人机的飞行高度、速度、距离和区域等方面都可能有限制。无人机需要在规定的范围内飞行，并遵守特定的飞行规则。禁止或限制无人机在敏感区域、机场、人群密集区等特定地点的飞行。

（4）隐私和数据保护。无人机在飞行过程中可能会拍摄到个人隐私数据。各国对无人机的隐私和数据保护有不同的要求，包括收集、存储和使用个人数据的限制，以及确保数据安全的措施。

（5）安全标准。各国对无人机的制造和进口可能有特定的安全标准和质量要求。无人机需要符合相关的技术规格、安全性能和电磁兼容性等方面的标准，以确保其安全可靠地运行。

（6）事故报告和调查。无人机事故需要进行报告和调查。无人机操作员或所有者需要在发生事故后向相关机构报告，并配合进行调查和处理。

### 9.2.2 国外监管情况及相关案例

1. 美国

除了在机场半径约 8 km 范围内和政府建筑上空是禁飞区外，其他地方的飞行高度限制是 120 m，需要在视线范围内进行飞行。不过，美国不同州有不同的禁飞区，例如圣莫妮卡海岸、美国国家公园、加州州立公园等地方都禁止无人机飞行。

美国无人机监管案例中，最著名的是一起涉及无人机干扰消防飞机救援的案例。2015 年 7 月 20 日，美国消防部门租用了一架大型消防飞机进行灭火作业。然而，一架无人机突然飞入作业区域，直接干扰了消防飞机的正常作业。消防飞机不得不紧急避让，并暂时中止了灭火作业。随后，消防部门向联邦航空管理局报告了此事，请求协助追踪和查处涉事无人机及其操作员。

经过调查，联邦航空管理局最终找到了涉事无人机的操作员，并对其进行了处罚。该操作员被指控违反了联邦航空管理局关于无人机飞行的多项规定，包括未经许可飞越禁飞区，未保持与有人驾驶航空器的安全距离等。该操作员最终被罚款数万美元，并被要求接受相关培训和考试，以确保其未来遵守无人机飞行规定。

这一事件引起了美国社会对无人机监管的广泛关注。许多人呼吁加强无人机监管，以防止类似事件再次发生。美国联邦航空管理局也加强了对无人机的监管力度。该机构发布了一系列关于无人机飞行的规定和指导文件，明确了无人机操作员的责任和义务，并加强了对违规行为的处罚力度。同时，该机构还开展了多项无人机安全宣传和教育活动，以提高公众对无人机安全和监管的认识和重视程度。

2. 英国

限制距离为 500 m，限制高度为 122 m。法律规定没有明确列出机场范围的禁飞区，只要求远离该范围。同时，无人机不能在距离人、车辆或建筑物 50 m 以内飞行，在人口稠密的街道、城市上空，大型集会如音乐会、体育赛事的范围也不能使用。重要的是，拍摄的影像必须遵守隐私条例,避免侵犯他人隐私。对于质量超过 7 kg 的无人机,会有更多的禁飞管制,如质量超过 20 kg 则需要登记。

在英国,无人机监管的案例之一是无人机干扰航班事件。2018 年 5 月 3 日下午,一架无人机飞入了伦敦盖特威克机场的航班起降区域,导致多架航班被迫延误或取消。当时,机场方面采取了一系列措施,包括关闭跑道、暂停航班起降等,以确保无人机的安全和避免对航空安全造成威胁。这一事件引发了英国社会对无人机监管问题的广泛关注。英国政府随后采取了一系列紧急措施,包括加强无人机飞行限制和部署反无人机技术等,以确保类似事件不再发生。

英国民航局也加强了对无人机的监管力度。该机构发布了一系列关于无人机飞行的规定和指导文件,明确了无人机操作员的责任和义务,并加强了对违规行为的处罚力度。同时,英国政府还计划引入更严格的无人机注册和许可制度,以确保无人机操作员具备必要的资质和知识。

3. 德国

德国要求无人机飞行必须遵守一定的高度限制,不能超过 100 m,同时也不能在人群密集地区或重要城市周边飞行。如果需要在这些区域飞行,需向当地的航空管制机构申请飞行许可。在飞行过程中,必须明确标记无人机的飞行轨迹和目的地,以便监管部门进行追踪和监控。如果无人机质量超过 2 kg,需要购买第三方责任险。如果无人机质量超过 5 kg,需要持民航局认可的驾照。无人机不允许在军事禁地、机场、私人领地上空飞行。如果无法达到上述某项规定,必须向航空交通主管部门申请许可。

德国无人机监管案例中,一起涉及无人机侵犯隐私权的案例备受关注。据德国媒体报道,一名无人机操作员未经许可,擅自飞越一座私人住宅,并使用无人机搭载的高清摄像头拍摄了住宅内部和庭院等隐私场所。这些视频和照片随后被发布到了社交媒体上,引发了住宅居民的愤怒和抗议。德国警方随即介入调查,并最终将这名无人机操作员逮捕。该操作员被指控侵犯了他人的隐私权,并违反了德国关于无人机飞行的相关规定。在法庭上,他被判处了罚款和缓刑,并被要求销毁所有非法拍摄的视频和照片。

这起案例引发了德国社会对无人机监管的讨论。一些人呼吁加强无人机的监管力度,制定更加严格的无人机飞行规定和安全标准,以确保无人机的合法和安全使用。德国政府也加强了对无人机的管理和监管,推出了更加严格的无人机注册和许可制度,并加强了对无人机操作员的培训和管理。

4. 日本

机场半径约 9 km 范围内禁飞,其他地方的飞行高度限制是 150 m。皇宫、机场、首相府以及主要建筑物还有比较特殊的路面都是禁飞区,并且要求必须白天进行飞行。

2019年7月4日,一名无人机爱好者因违反无人机飞行限制,在东京塔附近上空飞行无人机而被警方逮捕。这起案例引发了公众对无人机飞行限制和安全性的关注。除此之外,日本警方还逮捕了一名无人机操作员,该操作员在没有许可的情况下,擅自飞越一座核电站上空进行航拍。他的行为被认为是违法的,因为核电站是重要设施,未经许可的无人机飞行可能会对设施安全造成威胁。

此案例凸显了日本政府对无人机监管的严格态度。日本政府通过加强无人机登记制度、制定飞行限制规定和加强执法力度等措施,来确保无人机的安全和合法使用。

5. 法国

规定在天气状况极佳的情况下进行飞行,即使有云雾也不能飞行。机场半径5 km范围内为禁飞区,其他区域的高度限制为150 m,同时禁止在人群密集的大型活动上空进行飞行。核装置半径2.5 km内及高度1 km内都是禁飞区。除了经特殊审批的情况,巴黎上空严禁放飞无人机,违法者最高将被判处1年监禁,并处以7.5万欧元的罚金。

2014年2月14日报道,法国南锡市一位18岁少年因使用遥控无人驾驶飞机拍摄城市全貌被起诉。这名少年遥控无人驾驶飞机在南锡市上空进行拍摄,将南锡市的大街小巷、房屋建筑等尽数收入视频之中,该视频在网上点击率超过40万次。随后,该少年被当地宪兵队传唤,并被判将于5月20日被传至法院,传唤原因为"将他人生活置于危险之中"(见图9.18)。

法国民航总局认为,这起案件非常鲜明地代表了当今遥控无人机的使用状况,使用者并不了解相关法规。法规规定,为保障城市安全,使用者不得在没有警方允许的情况下在居民区操纵无人机飞行。法国民航总局称,"法国是世界上第一个在此领域制定管理规范的国家"。

图9.18 法国无人机航拍事件

6. 澳洲

只能在天气良好的白天飞行,飞行高度不得超过123 m,没有明确的飞行距离限制,但必须在视线范围内可见。机场半径5.5 km范围内为禁飞区,这比其他一些国家要宽松一些。此外，在交通工具、船只、楼宇的 30 m 范围内也是禁止飞行的，除非是无人机持有者或已获得相关许可。值得注意的是，澳洲还对 FPV（第一人称视角）无人机有所限制，不允许玩家仅使用 FPV 视像系统进行飞行。

### 7. 奥地利

如果拥有奥地利飞行执照（Austrian pilot license）或通过奥地利飞行考试（Austrian air law），那么可以在奥地利自由地飞无人机。

### 8. 加拿大

该国的无人机法规非常详细。对于质量为 2 kg、2～25 kg 和 25～35 kg 的无人机，都有不同的规定。值得注意的是，质量超过 2 kg 的无人机需要实名登记，而质量低于 2 kg 的无人机则不能使用 FPV 设备进行飞行。建议在天气状况极佳的情况下，白天进行飞行。机场半径 9 km 范围内为禁飞区，其他区域的飞行高度限制为 90 m，同时不能在人、动物、建筑物、交通工具的 150 m 范围内进行飞行。此外，航拍机也必须在视线范围内操作。对于私人物业，需持有人的许可才能进行拍摄。此外，一些地方如桥面、公路等不宜接近，军事设施、监狱、火山周围也是禁飞区。

### 9. 柬埔寨

全面禁止无人机使用，除非获得特别许可。

### 10. 韩国

机场半径约 9 km 范围内禁飞。

### 11. 泰国

针对两类航拍机有不同的规定。第一类是用于运动、教育和研究用途的航拍机，第二类是个人应用的航拍机。第一类航拍机有高度和使用范围的限制，而第二类航拍机则因隐私和安全理由不能配备拍摄镜头。不过，商业拍摄在申请许可后则不在此列。泰国对飞行高度有严格限制，只能在 15～150 m 的高度间进行使用。不可以低飞，因为会影响民居。总的来说，除非有特别许可，否则跟全面禁止无人机使用无大分别。

### 12. 马来西亚

机体质量不能超过 20 kg，飞行高度不能超过 123 m，同时在机场附近也是禁止飞行的。马来西亚当局有意把航拍机登记实名化，但目前仍未落实。

### 13. 新加坡

不可以飞行携带危险物品的无人机。对于 7 kg 以下的无人机，飞行高度不高于 61 m（即 200 ft），在机场范围 5 km 之外则不用申请。但是特别指出的是无人机不能携带任何危险物品，主要的政府建筑物和军事建筑物上空也是禁止飞行的。

### 9.2.3 中国无人机监管情况及相关机构

中国民用无人机的发展也是相当迅速的。20世纪80年代初，西北工业大学曾尝试利用无人机进行地图测绘和地质勘探。1998年，南京航空航天大学在珠海航展中展出的"翔鸟"无人直升机，用于森林火警探测和渔场巡逻。还有近年来，无人机在汶川、玉树、雅安等地震发生地和舟曲泥石流、天津爆炸等灾难中，成了一支独特的应急监测和救援队伍。目前，中国国内拥有无人机生产企业已超过400家，从业人员突破10万人。随着中国加快推进实施"中国制造2025"战略，无人机产业有望成为未来市场关注的焦点。然而，由于国内缺乏有力的监管手段，无人机的发展可能会受到影响。

为解决监管存在的问题，应该从以下几个方面重点考虑：一是完善法律法规，明确无人机的法律属性，即在处理法律纠纷时，有明确的法律制度可供应用；二是加强标准化建设，建立无人机标准化工作组织，推进无人机的数据传输链路、数据处理、控制系统、导航系统、设备电磁兼容管理等诸多方面的相关标准研究；三是建议加快制定无人机分类标准。

为了规范无人驾驶航空器飞行以及有关活动，促进无人驾驶航空器产业健康有序发展，维护航空安全、公共安全、国家安全，国务院、中央军委公布《无人驾驶航空器飞行管理暂行条例》（国令第761号）。我国无人机监管机构如下。

国家空中交通管理领导机构统一领导全国无人驾驶航空器飞行管理工作，组织协调解决无人驾驶航空器管理工作中的重大问题。

国务院民用航空、公安、工业和信息化、市场监督管理等部门按照职责分工负责全国无人驾驶航空器有关管理工作。

县级以上地方人民政府及其有关部门按照职责分工负责本行政区域内无人驾驶航空器有关管理工作。

各级空中交通管理机构按照职责分工负责本责任区内无人驾驶航空器飞行管理工作。

## 9.3 反无人机方法

随着无人机的普及和应用，无人机在民用领域的使用越来越广泛，但是也带来了一些安全问题。为了防止无人机的非法使用和保障公共安全，反无人机技术逐渐成为人们关注的焦点。通常采用以下反无人机方法。

### 9.3.1 硬杀伤

硬杀伤是指直接利用武器或其他设备摧毁无人机。这种方法的优点是速度快、效果显著。

（1）空中飞机发射导弹，直接摧毁无人机。

（2）地面发射导弹，直接摧毁无人机。

（3）采用激光设备，直接摧毁无人机。

但是也存在一些缺点。首先，硬杀伤需要使用高能量武器，如激光武器、导弹等，这些武器的成本较高，难以普及。其次，硬杀伤容易造成附带损伤，如损坏附近的其他设施或伤及无辜人员。因此，硬杀伤在民用领域的使用受到一定限制。

### 9.3.2 软杀伤

软杀伤是指利用无线电干扰、声波干扰等技术干扰无人机的控制信号，使其失去控制或者无法正常飞行。

（1）无线电遥控信号干扰是指利用无线电干扰设备干扰无人机的遥控信号，使其失去控制或者无法正常飞行。这种方法的优点是操作简单、成本较低，但是也存在一些缺点。首先，无线电遥控信号干扰需要针对不同的无人机型号和控制系统进行干扰，否则可能无效。其次，无线电遥控信号干扰需要一定的技术水平和设备支持，操作难度较大。

（2）声波干扰是一种能够干扰无人机的控制信号的技术。这种技术主要通过发出特定频率的声波，与无人机搭载的陀螺仪等传感器发生共振，从而影响无人机的飞行状态。这种方法的优点也是操作比较简单。但是在实际操作中，不仅要提前确定需要干扰的无人机类型和数量，而且不同型号的无人机有不同的传感器特性和控制信号频率、声波频率范围，需要根据无人机的型号和性能选择适当的声波频率范围进行干扰。在干扰过程中，需要对无人机的状态进行实时监测，确保干扰效果达到预期目标。

需要注意的是，声波干扰不仅会对无人机造成永久性的损坏，而且可能会对人和其他动物造成伤害，因此需要在安全的场所进行干扰操作。

### 9.3.3 抓获法

针对小型无人机飞行高度较低、速度较慢的特点，当其靠近敏感地区时，可以在视线识别距离内通过操作更大的无人机或采用其他方式对无人机进行捕获。一种可行的方式是利用更大型的无人机在目标小型无人机上方飞行，并使用机械臂或其他抓捕装置进行捕获。另一种方法是使用专门的无人机捕捉网枪或其他撒网设备对小型无人机进行撒网抓捕。

这种方法的优点是操作简单、成本较低,但是也存在一些缺点。首先,拦截网抓获需要一定的场地和设备支持,难以在城市等人口密集区域使用。其次,拦截网抓获需要操作人员具备一定的技术和经验,否则可能失败。

## 思考与练习题 9

1. 请列举并简要描述无人机飞行中可能遇到的五种技术性隐患,以及针对每种隐患的相应预防措施。

2. 无人机在紧急情况下需要采取应急响应措施,请设计一套应急响应流程,包括无人机失控、电池过热和信号丢失等情况的处理步骤。

# 附 录

## 无人驾驶航空器飞行管理暂行条例

### 第一章 总 则

**第一条** 为了规范无人驾驶航空器飞行以及有关活动，促进无人驾驶航空器产业健康有序发展，维护航空安全、公共安全、国家安全，制定本条例。

**第二条** 在中华人民共和国境内从事无人驾驶航空器飞行以及有关活动，应当遵守本条例。

本条例所称无人驾驶航空器，是指没有机载驾驶员、自备动力系统的航空器。

无人驾驶航空器按照性能指标分为微型、轻型、小型、中型和大型。

**第三条** 无人驾驶航空器飞行管理工作应当坚持和加强党的领导，坚持总体国家安全观，坚持安全第一、服务发展、分类管理、协同监管的原则。

**第四条** 国家空中交通管理领导机构统一领导全国无人驾驶航空器飞行管理工作，组织协调解决无人驾驶航空器管理工作中的重大问题。

国务院民用航空、公安、工业和信息化、市场监督管理等部门按照职责分工负责全国无人驾驶航空器有关管理工作。

县级以上地方人民政府及其有关部门按照职责分工负责本行政区域内无人驾驶航空器有关管理工作。

各级空中交通管理机构按照职责分工负责本责任区内无人驾驶航空器飞行管理工作。

**第五条** 国家鼓励无人驾驶航空器科研创新及其成果的推广应用，促进无人驾驶航空器与大数据、人工智能等新技术融合创新。县级以上人民政府及其有关部门应当为无人驾驶航空器科研创新及其成果的推广应用提供支持。

国家在确保安全的前提下积极创新空域供给和使用机制，完善无人驾驶航空器飞行配套基础设施和服务体系。

**第六条** 无人驾驶航空器有关行业协会应当通过制定、实施团体标准等方式加强行业自律，宣传无人驾驶航空器管理法律法规及有关知识，增强有关单位和人员依法开展无人驾驶航空器飞行以及有关活动的意识。

## 第二章 民用无人驾驶航空器及操控员管理

**第七条** 国务院标准化行政主管部门和国务院其他有关部门按照职责分工组织制定民用无人驾驶航空器系统的设计、生产和使用的国家标准、行业标准。

**第八条** 从事中型、大型民用无人驾驶航空器系统的设计、生产、进口、飞行和维修活动，应当依法向国务院民用航空主管部门申请取得适航许可。

从事微型、轻型、小型民用无人驾驶航空器系统的设计、生产、进口、飞行、维修以及组装、拼装活动，无需取得适航许可，但相关产品应当符合产品质量法律法规的有关规定以及有关强制性国家标准。

从事民用无人驾驶航空器系统的设计、生产、使用活动，应当符合国家有关实名登记激活、飞行区域限制、应急处置、网络信息安全等规定，并采取有效措施减少大气污染物和噪声排放。

**第九条** 民用无人驾驶航空器系统生产者应当按照国务院工业和信息化主管部门的规定为其生产的无人驾驶航空器设置唯一产品识别码。

微型、轻型、小型民用无人驾驶航空器系统的生产者应当在无人驾驶航空器机体标注产品类型以及唯一产品识别码等信息，在产品外包装显著位置标明守法运行要求和风险警示。

**第十条** 民用无人驾驶航空器所有者应当依法进行实名登记，具体办法由国务院民用航空主管部门会同有关部门制定。

涉及境外飞行的民用无人驾驶航空器，应当依法进行国籍登记。

**第十一条** 使用除微型以外的民用无人驾驶航空器从事飞行活动的单位应当具备下列条件，并向国务院民用航空主管部门或者地区民用航空管理机构（以下统称民用航空管理部门）申请取得民用无人驾驶航空器运营合格证（以下简称运营合格证）：

（一）有实施安全运营所需的管理机构、管理人员和符合本条例规定的操控人员；

（二）有符合安全运营要求的无人驾驶航空器及有关设施、设备；

（三）有实施安全运营所需的管理制度和操作规程，保证持续具备按照制度和规程实施安全运营的能力；

（四）从事经营性活动的单位，还应当为营利法人。

民用航空管理部门收到申请后，应当进行运营安全评估，根据评估结果依法作出许可或者不予许可的决定。予以许可的，颁发运营合格证；不予许可的，书面通知申请人并说明理由。

使用最大起飞重量不超过150千克的农用无人驾驶航空器在农林牧渔区域上方的

适飞空域内从事农林牧渔作业飞行活动（以下称常规农用无人驾驶航空器作业飞行活动），无需取得运营合格证。

取得运营合格证后从事经营性通用航空飞行活动，以及从事常规农用无人驾驶航空器作业飞行活动，无需取得通用航空经营许可证和运行合格证。

**第十二条** 使用民用无人驾驶航空器从事经营性飞行活动，以及使用小型、中型、大型民用无人驾驶航空器从事非经营性飞行活动，应当依法投保责任保险。

**第十三条** 微型、轻型、小型民用无人驾驶航空器系统投放市场后，发现存在缺陷的，其生产者、进口商应当停止生产、销售，召回缺陷产品，并通知有关经营者、使用者停止销售、使用。生产者、进口商未依法实施召回的，由国务院市场监督管理部门依法责令召回。

中型、大型民用无人驾驶航空器系统不能持续处于适航状态的，由国务院民用航空主管部门依照有关适航管理的规定处理。

**第十四条** 对已经取得适航许可的民用无人驾驶航空器系统进行重大设计更改并拟将其用于飞行活动的，应当重新申请取得适航许可。

对微型、轻型、小型民用无人驾驶航空器系统进行改装的，应当符合有关强制性国家标准。民用无人驾驶航空器系统的空域保持能力、可靠被监视能力、速度或者高度等出厂性能以及参数发生改变的，其所有者应当及时在无人驾驶航空器一体化综合监管服务平台更新性能、参数信息。

改装民用无人驾驶航空器的，应当遵守改装后所属类别的管理规定。

**第十五条** 生产、维修、使用民用无人驾驶航空器系统，应当遵守无线电管理法律法规以及国家有关规定。但是，民用无人驾驶航空器系统使用国家无线电管理机构确定的特定无线电频率，且有关无线电发射设备取得无线电发射设备型号核准的，无需取得无线电频率使用许可和无线电台执照。

**第十六条** 操控小型、中型、大型民用无人驾驶航空器飞行的人员应当具备下列条件并向国务院民用航空主管部门申请取得相应民用无人驾驶航空器操控员（以下简称操控员）执照：

（一）具备完全民事行为能力；

（二）接受安全操控培训，并经民用航空管理部门考核合格；

（三）无可能影响民用无人驾驶航空器操控行为的疾病病史，无吸毒行为记录；

（四）近5年内无因危害国家安全、公共安全或者侵犯公民人身权利、扰乱公共秩序的故意犯罪受到刑事处罚的记录。

从事常规农用无人驾驶航空器作业飞行活动的人员无需取得操控员执照，但应当由农用无人驾驶航空器系统生产者按照国务院民用航空、农业农村主管部门规定的内容进行培训和考核，合格后取得操作证书。

**第十七条** 操控微型、轻型民用无人驾驶航空器飞行的人员，无需取得操控员执照，但应当熟练掌握有关机型操作方法，了解风险警示信息和有关管理制度。

无民事行为能力人只能操控微型民用无人驾驶航空器飞行，限制民事行为能力人只能操控微型、轻型民用无人驾驶航空器飞行。无民事行为能力人操控微型民用无人驾驶航空器飞行或者限制民事行为能力人操控轻型民用无人驾驶航空器飞行，应当由符合前款规定条件的完全民事行为能力人现场指导。

操控轻型民用无人驾驶航空器在无人驾驶航空器管制空域内飞行的人员，应当具有完全民事行为能力，并按照国务院民用航空主管部门的规定经培训合格。

## 第三章 空域和飞行活动管理

**第十八条** 划设无人驾驶航空器飞行空域应当遵循统筹配置、安全高效原则，以隔离飞行为主，兼顾融合飞行需求，充分考虑飞行安全和公众利益。

划设无人驾驶航空器飞行空域应当明确水平、垂直范围和使用时间。

空中交通管理机构应当为无人驾驶航空器执行军事、警察、海关、应急管理飞行任务优先划设空域。

**第十九条** 国家根据需要划设无人驾驶航空器管制空域（以下简称管制空域）。

真高120米以上空域，空中禁区、空中限制区以及周边空域，军用航空超低空飞行空域，以及下列区域上方的空域应当划设为管制空域：

（一）机场以及周边一定范围的区域；

（二）国界线、实际控制线、边境线向我方一侧一定范围的区域；

（三）军事禁区、军事管理区、监管场所等涉密单位以及周边一定范围的区域；

（四）重要军工设施保护区域、核设施控制区域、易燃易爆等危险品的生产和仓储区域，以及可燃重要物资的大型仓储区域；

（五）发电厂、变电站、加油（气）站、供水厂、公共交通枢纽、航电枢纽、重大水利设施、港口、高速公路、铁路电气化线路等公共基础设施以及周边一定范围的区域和饮用水水源保护区；

（六）射电天文台、卫星测控（导航）站、航空无线电导航台、雷达站等需要电磁环境特殊保护的设施以及周边一定范围的区域；

（七）重要革命纪念地、重要不可移动文物以及周边一定范围的区域；

（八）国家空中交通管理领导机构规定的其他区域。

管制空域的具体范围由各级空中交通管理机构按照国家空中交通管理领导机构的规定确定，由设区的市级以上人民政府公布，民用航空管理部门和承担相应职责的单位发布航行情报。

未经空中交通管理机构批准，不得在管制空域内实施无人驾驶航空器飞行活动。

管制空域范围以外的空域为微型、轻型、小型无人驾驶航空器的适飞空域（以下简称适飞空域）。

**第二十条** 遇有特殊情况，可以临时增加管制空域，由空中交通管理机构按照国家有关规定确定有关空域的水平、垂直范围和使用时间。

保障国家重大活动以及其他大型活动的，在临时增加的管制空域生效 24 小时前，由设区的市级以上地方人民政府发布公告，民用航空管理部门和承担相应职责的单位发布航行情报。

保障执行军事任务或者反恐维稳、抢险救灾、医疗救护等其他紧急任务的，在临时增加的管制空域生效 30 分钟前，由设区的市级以上地方人民政府发布紧急公告，民用航空管理部门和承担相应职责的单位发布航行情报。

**第二十一条** 按照国家空中交通管理领导机构的规定需要设置管制空域的地面警示标志的，设区的市级人民政府应当组织设置并加强日常巡查。

**第二十二条** 无人驾驶航空器通常应当与有人驾驶航空器隔离飞行。

属于下列情形之一的，经空中交通管理机构批准，可以进行融合飞行：

（一）根据任务或者飞行课目需要，警察、海关、应急管理部门辖有的无人驾驶航空器与本部门、本单位使用的有人驾驶航空器在同一空域或者同一机场区域的飞行；

（二）取得适航许可的大型无人驾驶航空器的飞行；

（三）取得适航许可的中型无人驾驶航空器不超过真高 300 米的飞行；

（四）小型无人驾驶航空器不超过真高 300 米的飞行；

（五）轻型无人驾驶航空器在适飞空域上方不超过真高 300 米的飞行。

属于下列情形之一的，进行融合飞行无需经空中交通管理机构批准：

（一）微型、轻型无人驾驶航空器在适飞空域内的飞行；

（二）常规农用无人驾驶航空器作业飞行活动。

**第二十三条** 国家空中交通管理领导机构统筹建设无人驾驶航空器一体化综合监管服务平台，对全国无人驾驶航空器实施动态监管与服务。

空中交通管理机构和民用航空、公安、工业和信息化等部门、单位按照职责分工采集无人驾驶航空器生产、登记、使用的有关信息，依托无人驾驶航空器一体化综合监管服务平台共享，并采取相应措施保障信息安全。

**第二十四条** 除微型以外的无人驾驶航空器实施飞行活动，操控人员应当确保无人驾驶航空器能够按照国家有关规定向无人驾驶航空器一体化综合监管服务平台报送识别信息。

微型、轻型、小型无人驾驶航空器在飞行过程中应当广播式自动发送识别信息。

**第二十五条** 组织无人驾驶航空器飞行活动的单位或者个人应当遵守有关法律法规和规章制度，主动采取事故预防措施，对飞行安全承担主体责任。

**第二十六条** 除本条例第三十一条另有规定外，组织无人驾驶航空器飞行活动的单位或者个人应当在拟飞行前1日12时前向空中交通管理机构提出飞行活动申请。空中交通管理机构应当在飞行前1日21时前作出批准或者不予批准的决定。

按照国家空中交通管理领导机构的规定在固定空域内实施常态飞行活动的，可以提出长期飞行活动申请，经批准后实施，并应当在拟飞行前1日12时前将飞行计划报空中交通管理机构备案。

**第二十七条** 无人驾驶航空器飞行活动申请应当包括下列内容：

（一）组织飞行活动的单位或者个人、操控人员信息以及有关资质证书；

（二）无人驾驶航空器的类型、数量、主要性能指标和登记管理信息；

（三）飞行任务性质和飞行方式，执行国家规定的特殊通用航空飞行任务的还应当提供有效的任务批准文件；

（四）起飞、降落和备降机场（场地）；

（五）通信联络方法；

（六）预计飞行开始、结束时刻；

（七）飞行航线、高度、速度和空域范围，进出空域方法；

（八）指挥控制链路无线电频率以及占用带宽；

（九）通信、导航和被监视能力；

（十）安装二次雷达应答机或者有关自动监视设备的，应当注明代码申请；

（十一）应急处置程序；

（十二）特殊飞行保障需求；

（十三）国家空中交通管理领导机构规定的与空域使用和飞行安全有关的其他必要信息。

**第二十八条** 无人驾驶航空器飞行活动申请按照下列权限批准：

（一）在飞行管制分区内飞行的，由负责该飞行管制分区的空中交通管理机构批准；

（二）超出飞行管制分区在飞行管制区内飞行的，由负责该飞行管制区的空中交通管理机构批准；

（三）超出飞行管制区飞行的，由国家空中交通管理领导机构授权的空中交通管理机构批准。

**第二十九条** 使用无人驾驶航空器执行反恐维稳、抢险救灾、医疗救护等紧急任务的，应当在计划起飞30分钟前向空中交通管理机构提出飞行活动申请。空中交通管理机构应当在起飞10分钟前作出批准或者不予批准的决定。执行特别紧急任务的，使用单位可以随时提出飞行活动申请。

**第三十条** 飞行活动已获得批准的单位或者个人组织无人驾驶航空器飞行活动的，应当在计划起飞1小时前向空中交通管理机构报告预计起飞时刻和准备情况，经空中交通管理机构确认后方可起飞。

**第三十一条** 组织无人驾驶航空器实施下列飞行活动，无需向空中交通管理机构提出飞行活动申请：

（一）微型、轻型、小型无人驾驶航空器在适飞空域内的飞行活动。

（二）常规农用无人驾驶航空器作业飞行活动。

（三）警察、海关、应急管理部门辖有的无人驾驶航空器，在其驻地、地面（水面）训练场、靶场等上方不超过真高120米的空域内的飞行活动；但是，需在计划起飞1小时前经空中交通管理机构确认后方可起飞。

（四）民用无人驾驶航空器在民用运输机场管制地带内执行巡检、勘察、校验等飞行任务。但是，需定期报空中交通管理机构备案，并在计划起飞1小时前经空中交通管理机构确认后方可起飞。

前款规定的飞行活动存在下列情形之一的，应当依照本条例第二十六条的规定提出飞行活动申请：

（一）通过通信基站或者互联网进行无人驾驶航空器中继飞行；

（二）运载危险品或者投放物品（常规农用无人驾驶航空器作业飞行活动除外）；

（三）飞越集会人群上空；

（四）在移动的交通工具上操控无人驾驶航空器；

（五）实施分布式操作或者集群飞行。

微型、轻型无人驾驶航空器在适飞空域内飞行的，无需取得特殊通用航空飞行任务批准文件。

**第三十二条** 操控无人驾驶航空器实施飞行活动，应当遵守下列行为规范：

（一）依法取得有关许可证书、证件，并在实施飞行活动时随身携带备查；

（二）实施飞行活动前做好安全飞行准备，检查无人驾驶航空器状态，并及时更新电子围栏等信息；

（三）实时掌握无人驾驶航空器飞行动态，实施需经批准的飞行活动应当与空中交通管理机构保持通信联络畅通，服从空中交通管理，飞行结束后及时报告；

（四）按照国家空中交通管理领导机构的规定保持必要的安全间隔；

（五）操控微型无人驾驶航空器的，应当保持视距内飞行；

（六）操控小型无人驾驶航空器在适飞空域内飞行的，应当遵守国家空中交通管理领导机构关于限速、通信、导航等方面的规定；

（七）在夜间或者低能见度气象条件下飞行的，应当开启灯光系统并确保其处于良好工作状态；

（八）实施超视距飞行的，应当掌握飞行空域内其他航空器的飞行动态，采取避免相撞的措施；

（九）受到酒精类饮料、麻醉剂或者其他药物影响时，不得操控无人驾驶航空器；

（十）国家空中交通管理领导机构规定的其他飞行活动行为规范。

**第三十三条** 操控无人驾驶航空器实施飞行活动，应当遵守下列避让规则：

（一）避让有人驾驶航空器、无动力装置的航空器以及地面、水上交通工具；

（二）单架飞行避让集群飞行；

（三）微型无人驾驶航空器避让其他无人驾驶航空器；

（四）国家空中交通管理领导机构规定的其他避让规则。

**第三十四条** 禁止利用无人驾驶航空器实施下列行为：

（一）违法拍摄军事设施、军工设施或者其他涉密场所；

（二）扰乱机关、团体、企业、事业单位工作秩序或者公共场所秩序；

（三）妨碍国家机关工作人员依法执行职务；

（四）投放含有违反法律法规规定内容的宣传品或者其他物品；

（五）危及公共设施、单位或者个人财产安全；

（六）危及他人生命健康，非法采集信息，或者侵犯他人其他人身权益；

（七）非法获取、泄露国家秘密，或者违法向境外提供数据信息；

（八）法律法规禁止的其他行为。

**第三十五条** 使用民用无人驾驶航空器从事测绘活动的单位依法取得测绘资质证书后，方可从事测绘活动。

外国无人驾驶航空器或者由外国人员操控的无人驾驶航空器不得在我国境内实施测绘、电波参数测试等飞行活动。

第三十六条　模型航空器应当在空中交通管理机构为航空飞行营地划定的空域内飞行，但国家空中交通管理领导机构另有规定的除外。

## 第四章　监督管理和应急处置

第三十七条　国家空中交通管理领导机构应当组织有关部门、单位在无人驾驶航空器一体化综合监管服务平台上向社会公布审批事项、申请办理流程、受理单位、联系方式、举报受理方式等信息并及时更新。

第三十八条　任何单位或者个人发现违反本条例规定行为的，可以向空中交通管理机构、民用航空管理部门或者当地公安机关举报。收到举报的部门、单位应当及时依法作出处理；不属于本部门、本单位职责的，应当及时移送有权处理的部门、单位。

第三十九条　空中交通管理机构、民用航空管理部门以及县级以上公安机关应当制定有关无人驾驶航空器飞行安全管理的应急预案，定期演练，提高应急处置能力。

县级以上地方人民政府应当将无人驾驶航空器安全应急管理纳入突发事件应急管理体系，健全信息互通、协同配合的应急处置工作机制。

无人驾驶航空器系统的设计者、生产者，应当确保无人驾驶航空器具备紧急避让、降落等应急处置功能，避免或者减轻无人驾驶航空器发生事故时对生命财产的损害。

使用无人驾驶航空器的单位或者个人应当按照有关规定，制定飞行紧急情况处置预案，落实风险防范措施，及时消除安全隐患。

第四十条　无人驾驶航空器飞行发生异常情况时，组织飞行活动的单位或者个人应当及时处置，服从空中交通管理机构的指令；导致发生飞行安全问题的，组织飞行活动的单位或者个人还应当在无人驾驶航空器降落后 24 小时内向空中交通管理机构报告有关情况。

第四十一条　对空中不明情况和无人驾驶航空器违规飞行，公安机关在条件有利时可以对低空目标实施先期处置，并负责违规飞行无人驾驶航空器落地后的现场处置。有关军事机关、公安机关、国家安全机关等单位按职责分工组织查证处置，民用航空管理等其他有关部门应当予以配合。

第四十二条　无人驾驶航空器违反飞行管理规定、扰乱公共秩序或者危及公共安全的，空中交通管理机构、民用航空管理部门和公安机关可以依法采取必要技术防控、扣押有关物品、责令停止飞行、查封违法活动场所等紧急处置措施。

第四十三条　军队、警察以及按照国家反恐怖主义工作领导机构有关规定由公安机关授权的高风险反恐怖重点目标管理单位，可以依法配备无人驾驶航空器反制设备，在公安机关或者有关军事机关的指导监督下从严控制设置和使用。

无人驾驶航空器反制设备配备、设置、使用以及授权管理办法，由国务院工业和信息化、公安、国家安全、市场监督管理部门会同国务院有关部门、有关军事机关制定。

任何单位或者个人不得非法拥有、使用无人驾驶航空器反制设备。

## 第五章　法律责任

**第四十四条**　违反本条例规定，从事中型、大型民用无人驾驶航空器系统的设计、生产、进口、飞行和维修活动，未依法取得适航许可的，由民用航空管理部门责令停止有关活动，没收违法所得，并处无人驾驶航空器系统货值金额 1 倍以上 5 倍以下的罚款；情节严重的，责令停业整顿。

**第四十五条**　违反本条例规定，民用无人驾驶航空器系统生产者未按照国务院工业和信息化主管部门的规定为其生产的无人驾驶航空器设置唯一产品识别码的，由县级以上人民政府工业和信息化主管部门责令改正，没收违法所得，并处 3 万元以上 30 万元以下的罚款；拒不改正的，责令停业整顿。

**第四十六条**　违反本条例规定，对已经取得适航许可的民用无人驾驶航空器系统进行重大设计更改，未重新申请取得适航许可并将其用于飞行活动的，由民用航空管理部门责令改正，处无人驾驶航空器系统货值金额 1 倍以上 5 倍以下的罚款。

违反本条例规定，改变微型、轻型、小型民用无人驾驶航空器系统的空域保持能力、可靠被监视能力、速度或者高度等出厂性能以及参数，未及时在无人驾驶航空器一体化综合监管服务平台更新性能、参数信息的，由民用航空管理部门责令改正；拒不改正的，处 2000 元以上 2 万元以下的罚款。

**第四十七条**　违反本条例规定，民用无人驾驶航空器未经实名登记实施飞行活动的，由公安机关责令改正，可以处 200 元以下的罚款；情节严重的，处 2000 元以上 2 万元以下的罚款。

违反本条例规定，涉及境外飞行的民用无人驾驶航空器未依法进行国籍登记的，由民用航空管理部门责令改正，处 1 万元以上 10 万元以下的罚款。

**第四十八条**　违反本条例规定，民用无人驾驶航空器未依法投保责任保险的，由民用航空管理部门责令改正，处 2000 元以上 2 万元以下的罚款；情节严重的，责令从事飞行活动的单位停业整顿直至吊销其运营合格证。

**第四十九条**　违反本条例规定，未取得运营合格证或者违反运营合格证的要求实施飞行活动的，由民用航空管理部门责令改正，处 5 万元以上 50 万元以下的罚款；情节严重的，责令停业整顿直至吊销其运营合格证。

**第五十条** 无民事行为能力人、限制民事行为能力人违反本条例规定操控民用无人驾驶航空器飞行的，由公安机关对其监护人处 500 元以上 5000 元以下的罚款；情节严重的，没收实施违规飞行的无人驾驶航空器。

违反本条例规定，未取得操控员执照操控民用无人驾驶航空器飞行的，由民用航空管理部门处 5000 元以上 5 万元以下的罚款；情节严重的，处 1 万元以上 10 万元以下的罚款。

违反本条例规定，超出操控员执照载明范围操控民用无人驾驶航空器飞行的，由民用航空管理部门处 2000 元以上 2 万元以下的罚款，并处暂扣操控员执照 6 个月至 12 个月；情节严重的，吊销其操控员执照，2 年内不受理其操控员执照申请。

违反本条例规定，未取得操作证书从事常规农用无人驾驶航空器作业飞行活动的，由县级以上地方人民政府农业农村主管部门责令停止作业，并处 1000 元以上 1 万元以下的罚款。

**第五十一条** 组织飞行活动的单位或者个人违反本条例第三十二条、第三十三条规定的，由民用航空管理部门责令改正，可以处 1 万元以下的罚款；拒不改正的，处 1 万元以上 5 万元以下的罚款，并处暂扣运营合格证、操控员执照 1 个月至 3 个月；情节严重的，由空中交通管理机构责令停止飞行 6 个月至 12 个月，由民用航空管理部门处 5 万元以上 10 万元以下的罚款，并可以吊销相应许可证件，2 年内不受理其相应许可申请。

违反本条例规定，未经批准操控微型、轻型、小型民用无人驾驶航空器在管制空域内飞行，或者操控模型航空器在空中交通管理机构划定的空域外飞行的，由公安机关责令停止飞行，可以处 500 元以下的罚款；情节严重的，没收实施违规飞行的无人驾驶航空器，并处 1000 元以上 1 万元以下的罚款。

**第五十二条** 违反本条例规定，非法拥有、使用无人驾驶航空器反制设备的，由无线电管理机构、公安机关按照职责分工予以没收，可以处 5 万元以下的罚款；情节严重的，处 5 万元以上 20 万元以下的罚款。

**第五十三条** 违反本条例规定，外国无人驾驶航空器或者由外国人员操控的无人驾驶航空器在我国境内实施测绘飞行活动的，由县级以上人民政府测绘地理信息主管部门责令停止违法行为，没收违法所得、测绘成果和实施违规飞行的无人驾驶航空器，并处 10 万元以上 50 万元以下的罚款；情节严重的，并处 50 万元以上 100 万元以下的罚款，由公安机关、国家安全机关按照职责分工决定限期出境或者驱逐出境。

**第五十四条** 生产、改装、组装、拼装、销售和召回微型、轻型、小型民用无人驾驶航空器系统，违反产品质量或者标准化管理等有关法律法规的，由县级以上人民政府市场监督管理部门依法处罚。

除根据本条例第十五条的规定无需取得无线电频率使用许可和无线电台执照的情形以外，生产、维修、使用民用无人驾驶航空器系统，违反无线电管理法律法规以及国家有关规定的，由无线电管理机构依法处罚。

无人驾驶航空器飞行活动违反军事设施保护法律法规的，依照有关法律法规的规定执行。

**第五十五条** 违反本条例规定，有关部门、单位及其工作人员在无人驾驶航空器飞行以及有关活动的管理工作中滥用职权、玩忽职守、徇私舞弊或者有其他违法行为的，依法给予处分。

**第五十六条** 违反本条例规定，构成违反治安管理行为的，由公安机关依法给予治安管理处罚；构成犯罪的，依法追究刑事责任；造成人身、财产或者其他损害的，依法承担民事责任。

## 第六章 附 则

**第五十七条** 在我国管辖的其他空域内实施无人驾驶航空器飞行活动，应当遵守本条例的有关规定。

无人驾驶航空器在室内飞行不适用本条例。

自备动力系统的飞行玩具适用本条例的有关规定，具体办法由国务院工业和信息化主管部门、有关空中交通管理机构会同国务院公安、民用航空主管部门制定。

**第五十八条** 无人驾驶航空器飞行以及有关活动，本条例没有规定的，适用《中华人民共和国民用航空法》、《中华人民共和国飞行基本规则》、《通用航空飞行管制条例》以及有关法律、行政法规。

**第五十九条** 军用无人驾驶航空器的管理，国务院、中央军事委员会另有规定的，适用其规定。

警察、海关、应急管理部门辖有的无人驾驶航空器的适航、登记、操控员等事项的管理办法，由国务院有关部门另行制定。

**第六十条** 模型航空器的分类、生产、登记、操控人员、航空飞行营地等事项的管理办法，由国务院体育主管部门会同有关空中交通管理机构，国务院工业和信息化、公安、民用航空主管部门另行制定。

**第六十一条** 本条例施行前生产的民用无人驾驶航空器不能按照国家有关规定自

动向无人驾驶航空器一体化综合监管服务平台报送识别信息的,实施飞行活动应当依照本条例的规定向空中交通管理机构提出飞行活动申请,经批准后方可飞行。

**第六十二条** 本条例下列用语的含义:

(一)空中交通管理机构,是指军队和民用航空管理部门内负责有关责任区空中交通管理的机构。

(二)微型无人驾驶航空器,是指空机重量小于 0.25 千克,最大飞行真高不超过 50 米,最大平飞速度不超过 40 千米/小时,无线电发射设备符合微功率短距离技术要求,全程可以随时人工介入操控的无人驾驶航空器。

(三)轻型无人驾驶航空器,是指空机重量不超过 4 千克且最大起飞重量不超过 7 千克,最大平飞速度不超过 100 千米/小时,具备符合空域管理要求的空域保持能力和可靠被监视能力,全程可以随时人工介入操控的无人驾驶航空器,但不包括微型无人驾驶航空器。

(四)小型无人驾驶航空器,是指空机重量不超过 15 千克且最大起飞重量不超过 25 千克,具备符合空域管理要求的空域保持能力和可靠被监视能力,全程可以随时人工介入操控的无人驾驶航空器,但不包括微型、轻型无人驾驶航空器。

(五)中型无人驾驶航空器,是指最大起飞重量不超过 150 千克的无人驾驶航空器,但不包括微型、轻型、小型无人驾驶航空器。

(六)大型无人驾驶航空器,是指最大起飞重量超过 150 千克的无人驾驶航空器。

(七)无人驾驶航空器系统,是指无人驾驶航空器以及与其有关的遥控台(站)、任务载荷和控制链路等组成的系统。其中,遥控台(站)是指遥控无人驾驶航空器的各种操控设备(手段)以及有关系统组成的整体。

(八)农用无人驾驶航空器,是指最大飞行真高不超过 30 米,最大平飞速度不超过 50 千米/小时,最大飞行半径不超过 2000 米,具备空域保持能力和可靠被监视能力,专门用于植保、播种、投饵等农林牧渔作业,全程可以随时人工介入操控的无人驾驶航空器。

(九)隔离飞行,是指无人驾驶航空器与有人驾驶航空器不同时在同一空域内的飞行。

(十)融合飞行,是指无人驾驶航空器与有人驾驶航空器同时在同一空域内的飞行。

(十一)分布式操作,是指把无人驾驶航空器系统操作分解为多个子业务,部署在多个站点或者终端进行协同操作的模式。

(十二)集群,是指采用具备多台无人驾驶航空器操控能力的同一系统或者平台,为了处理同一任务,以各无人驾驶航空器操控数据互联协同处理为特征,在同一时间内并行操控多台无人驾驶航空器以相对物理集中的方式进行飞行的无人驾驶航空器运行模式。

（十三）模型航空器，也称航空模型，是指有尺寸和重量限制，不能载人，不具有高度保持和位置保持飞行功能的无人驾驶航空器，包括自由飞、线控、直接目视视距内人工不间断遥控、借助第一视角人工不间断遥控的模型航空器等。

（十四）无人驾驶航空器反制设备，是指专门用于防控无人驾驶航空器违规飞行，具有干扰、截控、捕获、摧毁等功能的设备。

（十五）空域保持能力，是指通过电子围栏等技术措施控制无人驾驶航空器的高度与水平范围的能力。

第六十三条　本条例自 2024 年 1 月 1 日起施行。

# 参 考 文 献

[1] 陈勤，曲阜贵. 大学摄影教程 [M]. 北京：人民邮电出版社，2016.

[2] 孙毅. 无人机驾驶员航空知识手册 [M]. 北京：中国民航出版社，2014.

[3] 任金州，高波. 电视摄像 [M]. 北京：中国广播电视出版社，1997.

[4] 雷曼尔. 现代飞机设计 [M]. 钟定逵，译. 北京：国防工业出版社，1992.

[5] 方宝瑞，李天，余松涛. 飞机气动布局设计 [M]. 北京：航空工业出版社，1997.

[6] 顾诵芬. 飞机总体设计 [M]. 北京：北京航空航天大学出版社，2006.

[7] 徐鑫福. 现代飞机操纵系统 [M]. 北京：北京航空学院出版社，1989.

[8] 郭锁凤. 先进飞行控制系统 [M]. 北京：国防工业出版社，2003.

[9] 李学国. 飞机设计中的主动控制技术 [M]. 北京：航空工业出版社，1985.

[10] 杨景佐，曹名. 飞机总体设计 [M]. 北京：航空工业出版社，1991.

[11] 王同杰，王峰，沈嘉达. 影视画面编辑 [M]. 北京：中国青年出版社，2011.

[12] 周星. 影视艺术概论 [M]. 北京：高等教育出版社，2007.

[13] 陆绍阳. 视听语言 [M].2 版. 北京：北京大学出版社，2014.

[14] 朱松华，赵高翔. 无人机飞行、航拍与后期完全教程 [M]. 北京：人民邮电出版社，2021.

[15] 陈志君. 无人机防控设备使用管理探讨 [C] // 中国指挥与控制学会. 第九届中国指挥控制大会论文集. 北京：北京鼎电创安科技有限公司，2021: 4.

[16] 陈谋，马浩翔，雍可南，等. 无人机安全飞行控制综述 [J]. 机器人，2023,45（3）：345-366.

[17] 韩丹，虞启洲，蒋豪，等. 民用无人机安全运行管理现状 [J]. 民航学报，2023,7（5）：31-38.

[18] 雷隐隐，白宇晨. 民用无人机空域管理法律制度的现状与建议 [J]. 民航管理，2023，（5）：27-32.

[19] 孙一茂，杨磊，李篡峰，等. 无人机在大面积地形测量中的应用 [J]. 中国高新科技，2023，（4）：46-48.

[20] 钟灵，王龙. 无人机飞行碰撞风险影响因素分析 [J]. 民航学报，2022,6（5）:87-89.

[21] 黄煦淇, 洪晟. 民用无人机领域数据与飞行安全法律规制研究[J]. 信息技术与网络安全, 2022, 41（6）:31-35.

[22] 潘玥琪. 民用无人机飞行管控法律问题研究[D]. 上海：上海外国语大学, 2022.